21世纪高等学校计算机
应用技术规划教材

C#.NET程序设计
项目化教程

◎ 张震 陈金萍 李秋 孟庆伟　主编

U0286622

清华大学出版社
北京

内 容 简 介

本书以 Visual Studio 2010 为开发平台,从初学者的角度出发,以典型的项目为载体,采取课内外项目并行的模式,系统地介绍使用 C♯进行 Windows 应用程序开发的常用技术和方法。为贯彻"项目驱动,案例教学,理论实践一体化"的教学理念,每个项目单元内容由项目情境、学习重点与难点、学习目标、任务描述、相关知识、任务实现、项目小结、拓展实训和习题构成,方便在教学过程中将知识的讲解和技能训练相结合。

本书内容包括 10 个项目单元:初识 Visual C♯开发环境、C♯基础知识、设计流程控制程序、数组的使用、开发窗体应用程序、使用集合类型开发程序、设计面向对象应用程序、使用继承和多态开发程序、文件操作、综合实训。最后部分的综合实训依托一个完整的项目——房屋出租管理系统项目,让学生体验基于数据库的 Windows 应用程序的开发过程。为方便教学,本书提供所有配套教学资源包。

本书既可作为应用型本科院校相关专业的教材,也可作为高职高专、中职学校和培训班的 C♯教学用书。

图书在版编目(CIP)数据

C♯.NET 程序设计项目化教程/张震等主编. —北京:清华大学出版社,2018(2021.1重印)
(21 世纪高等学校计算机应用技术规划教材)
ISBN 978-7-302-49137-8

Ⅰ. ①C… Ⅱ. ①张… Ⅲ. ①C 语言—程序设计—教材 Ⅳ. ①TP312.8

中国版本图书馆 CIP 数据核字(2017)第 315436 号

责任编辑:黄 芝 李 晔
封面设计:刘 键
责任校对:李建庄
责任印制:丛怀宇

出版发行:清华大学出版社
　　　　网　　　址:http://www.tup.com.cn,http://www.wqbook.com
　　　　地　　　址:北京清华大学学研大厦 A 座　　　　　　　邮　　编:100084
　　　　社 总 机:010-62770175　　　　　　　　　　　　　　邮　　购:010-83470235
　　　　投稿与读者服务:010-62776969,c-service@tup.tsinghua.edu.cn
　　　　质量反馈:010-62772015,zhiliang@tup.tsinghua.edu.cn
　　　　课件下载:http://www.tup.com.cn,010-83470236
印 装 者:三河市少明印务有限公司
经　 销:全国新华书店
开　 本:185mm×260mm　　 印　张:19.5　　　　　字　　数:475 千字
版　 次:2018 年 6 月第 1 版　　　　　　　　　　　　印　　次:2021 年 1 月第 5 次印刷
印　 数:6501～8500
定　 价:49.00 元

产品编号:073374-01

出版说明

随着我国改革开放的进一步深化,高等教育也得到了快速发展,各地高校紧密结合地方经济建设发展需要,科学运用市场调节机制,加大了使用信息科学等现代科学技术提升、改造传统学科专业的投入力度,通过教育改革合理调整和配置了教育资源,优化了传统学科专业,积极为地方经济建设输送人才,为我国经济社会的快速、健康和可持续发展以及高等教育自身的改革发展做出了巨大贡献。但是,高等教育质量还需要进一步提高以适应经济社会发展的需要,不少高校的专业设置和结构不尽合理,教师队伍整体素质亟待提高,人才培养模式、教学内容和方法需要进一步转变,学生的实践能力和创新精神亟待加强。

教育部一直十分重视高等教育质量工作。2007年1月,教育部下发了《关于实施高等学校本科教学质量与教学改革工程的意见》,计划实施"高等学校本科教学质量与教学改革工程(简称'质量工程')",通过专业结构调整、课程教材建设、实践教学改革、教学团队建设等多项内容,进一步深化高等学校教学改革,提高人才培养的能力和水平,更好地满足经济社会发展对高素质人才的需要。在贯彻和落实教育部"质量工程"的过程中,各地高校发挥师资力量强、办学经验丰富、教学资源充裕等优势,对其特色专业及特色课程(群)加以规划、整理和总结,更新教学内容、改革课程体系,建设了一大批内容新、体系新、方法新、手段新的特色课程。在此基础上,经教育部相关教学指导委员会专家的指导和建议,清华大学出版社在多个领域精选各高校的特色课程,分别规划出版系列教材,以配合"质量工程"的实施,满足各高校教学质量和教学改革的需要。

本系列教材立足于计算机公共课程领域,以公共基础课为主、专业基础课为辅,横向满足高校多层次教学的需要。在规划过程中体现了如下一些基本原则和特点。

(1)面向多层次、多学科专业,强调计算机在各专业中的应用。教材内容坚持基本理论适度,反映各层次对基本理论和原理的需求,同时加强实践和应用环节。

(2)反映教学需要,促进教学发展。教材要适应多样化的教学需要,正确把握教学内容和课程体系的改革方向,在选择教材内容和编写体系时注意体现素质教育、创新能力与实践能力的培养,为学生的知识、能力、素质协调发展创造条件。

(3)实施精品战略,突出重点,保证质量。规划教材把重点放在公共基础课和专业基础课的教材建设上;特别注意选择并安排一部分原来基础比较好的优秀教材或讲义修订再版,逐步形成精品教材;提倡并鼓励编写体现教学质量和教学改革成果的教材。

(4)主张一纲多本,合理配套。基础课和专业基础课教材配套,同一门课程可以有针对不同层次、面向不同专业的多本具有各自内容特点的教材。处理好教材统一性与多样化,基本教材与辅助教材、教学参考书,文字教材与软件教材的关系,实现教材系列资源配套。

（5）依靠专家,择优选用。在制定教材规划时依靠各课程专家在调查研究本课程教材建设现状的基础上提出规划选题。在落实主编人选时,要引入竞争机制,通过申报、评审确定主题。书稿完成后要认真实行审稿程序,确保出书质量。

繁荣教材出版事业,提高教材质量的关键是教师。建立一支高水平教材编写梯队才能保证教材的编写质量和建设力度,希望有志于教材建设的教师能够加入到我们的编写队伍中来。

21 世纪高等学校计算机应用技术规划教材

联系人：魏江江 weijj@tup.tsinghua.edu.cn

前 言

随着微软.NET Framework版本不断升级,.NET技术越来越成熟,已成为面向对象程序开发的主流平台。作为Visual Studio .NET的语言,C♯语言备受专业爱好者和从业人员的青睐。Visual C♯是一个功能强大、使用简单的语言,既可以开发基于Windows的C/S模式的应用程序,也可以开发基于Web的B/S模式的应用程序。

本书的编写立足体现应用型本科教学的"能力为本"的教学要求,基于Visual Studio 2010开发环境,通过项目情景提出问题,通过示例项目训练技能、解决问题并讲解相应的技术和方法,最后通过完成项目任务来巩固所学知识,训练学生综合应用能力。本书内容打破传统的学科章节,采用项目化形式编写。本书主要内容如下:

项目1　初识Visual C♯开发环境

项目2　C♯基础知识

项目3　C♯流程控制

项目4　数组

项目5　开发窗体应用程序

项目6　使用集合类型开发程序

项目7　设计面向对象应用程序

项目8　使用继承和多态开发程序

项目9　文件操作

项目10　综合实训

本书由张震、陈金萍、李秋、孟庆伟主编,其中陈金萍编写项目1、项目2,孟庆伟编写项目3、项目4,张震编写项目5、项目6,李秋编写项目7~项目10,张震负责统稿。

由于编者水平有限,书中难免有不足与疏漏之处,敬请广大读者和同仁提出宝贵意见和建议。编者联系邮箱:dlwfdzz@163.com。

编　者

2018年2月

目 录

项目 1
初识Visual C#开发环境

 项目情境

小张刚从某高校毕业,应聘到一家软件公司的.NET 开发团队,公司主管要小张编写一个"欢迎小张加入.NET 开发团队!"的程序,要求编写控制台程序和 Windows 应用程序两种形式。

 学习重点与难点

➤ 熟悉 Visual Studio 2010 开发环境
➤ 了解控制台应用程序和 Windows 应用程序的内涵和区别
➤ 掌握创建和运行控制台应用程序的方法和步骤
➤ 掌握创建和运行 Windows 应用程序的方法和步骤

学习目标

➤ 能使用控制台编写简单的应用程序
➤ 能独立设计 Windows 窗体应用程序

 任务描述

任务 1　　Visual Studio 2010 开发环境的安装
任务 2　　创建 C#控制台应用程序
任务 3　　创建 Windows 窗体应用程序

 相关知识

知识要点:
➤ .NET 概述
➤ C#概述
➤ VS 2010 集成开发环境
➤ C#源程序的基本结构

知识点 1　.NET 概述

.NET 是一个用于建立应用程序的平台,它在内部封装了大量功能强大的应用程序接口函数(API),利用这些函数可以开发各类 Windows 应用程序。它也是 Microsoft 公司为适应 Internet 高速发展的需要而推出的新的开发平台,它向广大程序员提供了功能强大的集成开发环境——Visual Studio.NET。

.NET 的核心是.NET Framework(.NET 框架体系)。.NET 框架从上至下由应用程序开发技术、Microsoft.NET Framework 类库、基类库和公共语言运行库(CLR)4 个部分组成,如图 1-1 所示。

应用程序开发技术				
ASP.NET		WinFroms		
Microsoft.NET Framework类库				
数据库访问 (ADO.NET)	XML应用	目录服务 (LDAP)	正则表达式	消息支持
基类库				
集合操作	线程支持	代码生成	输入输出 (I/O)	映射	安全
公共语言运行库(CLR)				
内存管理	公共类型系统 (CTS)	生命周期监控	JIT编译器等	

图 1-1　.NET Framework 的组成

1. 应用程序开发技术

应用程序开发技术位于框架的最上方,是应用程序开发人员开发的主要对象。它包括 ASP.NET 技术和 WinFroms 技术等高级编程语言。

2. Microsoft.NET Framework 类库

Microsoft.NET Framework 类库是一个综合性的类集合,用于应用程序开发的一些支持性的通用功能。它主要包括以下类库:数据库访问(ADO.NET)、XML 应用、目录服务(LDAP)、正则表达式和消息支持。

3. 基类库

基类库提供了支持底层操作的一系列通用功能。主要包括集合操作、线程支持、代码生成、输入输出(I/O)、映射和安全等领域的内容。

4. 公共语言运行库(CLR)

公共语言运行库是一种受控的执行环境,是用于执行和管理任何一种针对 Microsoft.NET 平台的代码。

知识点 2 C♯概述

1. C♯的由来

在没有 C♯语言之前,C 和 C++一直是商业软件开发领域中最具有生命力的语言。这两种语言为程序员提供了丰富的功能、高度的灵活性和强大的底层控制力,但是利用 C 和 C++语言开发的 Windows 应用程序显然复杂了很多,往往也需要消耗更多的时间来完成开发,所以程序员们试图寻找一种新的语言,希望能在功能和效率之间找到一个更为理想的平衡点。

针对这一问题,Microsoft 公司从 1998 年 12 月开始了 COOL 项目,直到 1999 年 7 月 COOL 被正式更名为 C♯(读作 C Sharp)。2000 年 6 月,Microsoft 在奥兰多举行的"职业开发人员技术大会"上正式发布了新的语言 C♯。它是一种面向对象的、运行于. NET Framework 之上的高级程序设计语言。

2. C♯的特点

C♯是一种安全的、稳定的、简单的、优雅的,由 C 和 C++衍生出来的面向对象的编程语言,它在继承了 C 和 C++强大功能的同时去掉了一些它们的复杂特性(例如,没有宏以及不允许多重继承)。具体特点如下:

1) 简洁的语法

C♯中几乎不再用 C++中流行的指针,整数数据 0 和 1 也不再是布尔值,摒弃了 C 和 C++中复杂且不常用的语法元素,使用统一的类型系统。

2) 与 Web 的紧密结合

在 Microsoft 的. NET 开发套件中,C♯与 ASP. NET 是相互融合的。ASP. NET 的应用程序可以使用 VB. NET 语法,也可以使用 C♯语法。使用 C♯编写的 ASP. NET 结构更严谨,运行更高效。由于有了 Web 服务框架的帮助,对程序员来说,网络服务看起来就像是 C♯的本地对象。强大的 Web 服务器端组件和 XML 技术使其能设计功能更完善的企业级分布式应用系统。

3) 精心的面向对象设计

C♯具有面向对象的一切特性:封装、继承和多态,并且通过精心的面向对象设计,从高级商业对象到系统级应用,C♯是建造广泛组件的绝对选择。在 C♯的类型系统中,每种类型都可以看作一个对象。C♯提供了一个叫做装箱与拆箱的机制来完成这种操作,而不给使用者带来麻烦。

4) 完整的安全性与错误处理

安全性与错误处理能力是衡量一种语言是否优秀的重要依据。C♯的先进设计思想可以消除软件开发中的许多常见错误,并提供了包括类型安全在内的完整安全性能。为了减少开发中的错误,C♯会帮助开发者通过更少的代码完成相同的功能,不但减轻了编程人员的工作量,同时更有效地避免了错误的发生。C♯中不能使用未初始化的变量,对象的成员变量由编译器负责将其置为零,当局部变量未经初始化而被使用时,编译器将做出提醒。C♯不支持不安全的指向,不能将整数指向引用类型。C♯提供了边界检查与溢出检查功能。

5）版本处理技术

C♯提供内置的版本支持来减少开发费用,C♯会使开发人员更加轻松方便地开发和维护各种商业用户。C♯语言中内置了版本控制功能。

6）灵活性和兼容性

在简化语法的同时,C♯并没有失去灵活性。尽管它不是一种无限制的语言,但它仍然是那么的灵巧。C♯允许与C风格的需要传递指针型参数的API进行交互操作,DLL的任何入口点都可以在程序中进行访问。C♯遵守.NET公用语言规范,从而保证了C♯组件与其他语言组件间的互操作性。

3. C♯、.NET与Visual Studio的关系

.NET框架是Microsoft公司推出的一个全新的开发平台。Visual Studio则是Microsoft公司为了配合.NET战略推出的集成开发环境,同时它也是目前开发C♯应用程序的最好的工具。C♯只是基于.NET框架的程序开发语言的一种,它并不是.NET的一部分。

在安装Visual Studio的同时.NET框架也会自动安装上。安装过程中可以选择安装C♯语言、VB语言或者C++等,也可以选择都安装。

C♯、.NET与Visual Studio各个版本之间的对应关系如表1-1所示。

表1-1　C♯、.NET与Visual Studio各个版本之间的对应关系

集成开发环境版本	开发平台版本	C♯语言版本
Visual Studio 2002	.NET Framework 1.0	C♯ 1.0
Visual Studio 2003	.NET Framework 1.1	C♯ 1.1
Visual Studio 2005	.NET Framework 2.0	C♯ 2.0
Visual Studio 2008	.NET Framework 3.5	C♯ 3.5
Visual Studio 2010	.NET Framework 4.0	C♯ 4.0

知识点3　VS 2010集成开发环境

Visual Studio 2010版本是Microsoft公司于2010年发布的,其集成开发环境(IDE)的界面被重新设计和组织,变得更加简单了。Visual Studio 2010的集成开发环境如图1-2所示。

Visual Studio 2010集成开发环境主要包括菜单栏、工具栏、窗体设计器、工具箱、属性窗口、解决方案资源管理器和代码编辑器等。

1. 菜单栏

菜单栏包括文件、编辑、视图、项目、生成、调试、团队、数据、工具、体系结构、测试、分析、窗口、帮助14个菜单项,它们提供了程序设计过程中所需的功能。

2. 工具栏

工具栏以图标形式提供了常用命令的快速访问按钮,单击某个按钮可以执行相应的操作。Visual Studio 2010将常用命令按功能的不同进行了不同分类。可以通过菜单"视图"→"工具栏"来打开不同的工具栏。标准工具栏中主要按钮的功能如图1-3所示。

图 1-2　集成开发环境

图 1-3　标准工具栏

3. "解决方案资源管理器"窗口

使用 Visual Studio 2010 开发的每一个应用程序都叫做一个解决方案，每一个解决方案可以包含一个或多个项目。一个项目通常是一个完整的程序模块。一个项目可以有多个文件。

解决方案资源管理器位于 IDE 右上方，如果在 IDE 中已经创建了方案或项目，则项目中所有文件以分层树的形式显示，如图 1-4 所示。

4."工具箱"窗口

工具箱在 IDE 的左侧，是 Visual Studio 2010 的重要工具，其中含有许多可视化的控件，用户可以从中选择相应的控件，将它们添加到窗体上，进行可视化界面的设计。

工具箱中的控件和各种组件按照功能进行了分组，如图 1-5 所示。通过单击分组前面的三角按钮可以展开组，显示该组中的所有控件，展开"公共控件"组后显示出的控件集合如图 1-6 所示。

图 1-4　解决方案资源管理器

图 1-5　工具箱的分组

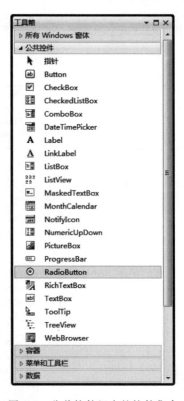

图 1-6　公共控件组中的控件集合

5."窗体设计器/代码编辑器"窗口

"窗体设计器/代码编辑器"窗口是 Visual Studio 2010 集成开发环境的主窗口。窗体设计器用于进行可视化的设计，它像一块画布一样，用户可以在上面绘制各种图形。用户可以将各种控件放在窗体设计器上，完成用户界面的设计。代码编辑器用来进行代码的设计。如果当前项目是 Windows 窗体应用程序，可以使用多种方法实现两窗体之间的切换：

（1）按 F7 键显示代码编辑器，按 Shift＋F7 键显示窗体设计器。

（2）选择"视图"→"代码"或"视图"→"设计器"命令。

（3）当代码编辑器窗口和窗体设计器窗口被打开后，在该主窗口上方就会出现选项卡，可以通过单击来切换，如图 1-7 所示。

6. "属性"窗口

"属性"窗口如图 1-8 所示。在默认情况下位于集成开发的环境的右下方，主要用来查看、设置项目、类和控件的特性。在 Windows 窗体的设计视图下，在"属性"窗口中可以设置控件的属性并链接用户界面控件的事件。"属性"窗口同时采用了两种方式来管理属性和方法，即按"分类顺序"和"字母顺序"，用户可以根据自己的习惯来采取不同的方式。

图 1-7　选项卡切换窗口

图 1-8　"属性"窗口

窗体和控件都有自己的属性，用户可以通过"属性"窗口对控件的属性值进行修改。

在 IDE 开发环境，窗口被关闭后，可以通过"视图"菜单打开或通过快捷键来打开，如"属性"窗口被关闭，可以通过"视图"→"属性窗口"打开，还可以按 Alt＋Enter 键打开。

知识点 4　C♯源程序的基本结构

一个 C♯源程序的结构大体可以分为命名空间、类、方法、语句和注释等，以控制台程序为例的 C♯源程序结构如图 1-9 所示。

1. 命名空间

Namespace 是命名空间的关键字，C♯程序是利用命名空间组织起来的。命名空间包含类，是类的组织方式。是把内部的程序组织起来，外部程序如果需要使用某个命名空间中的类或方法，需要首先在程序的开始部分使用 using 指令引入命名空间，引用格式为：

using 命名空间名；

命名空间有两种：系统命名空间和用户自定义命名空间。系统命名空间是 VS. NET

图 1-9   C#源程序的基本结构

提供的系统预定义的命名空间。当创建C#程序时会创建一个以项目名为空间名的默认命名空间,用户也可以修改命名空间的名称。用户自定义命名空间由用户定义,定义格式如下:

```
namespace 命名空间名
{
    …//类的定义
}
```

2. 类

类是一种数据结构,它可以封装数据成员、方法和其他类。类是创建对象的模板。C#中必须用类来组织程序,用户编写的所有代码必须包含在类中。类是 C#语言的核心和基本构成模块。C#中至少包含一个自定义类,创建控制台程序时 C#默认创建了一个Program 类,用户也可以修改这个类名。使用任何一个新的类之前必须先声明类,一个类一旦被声明,就可以当作一种新的数据类型来使用。在 C#中通过使用 class 关键字来声明类,声明形式如下:

```
[类修饰符]class [类名] [基类或接口]
{
    [类体]
}
```

说明:类名必须符合标识符命名规则,类名要尽量能够体现类的含义和用途,一般首字母大写。

3. 方法

在 C#中程序功能是通过执行类中的方法来实现的,一个类中可以定义多个方法,但是有且只有一个 Main 方法,它是程序的入口,也就是程序的执行总是从 Main 方法开始的。当新建一个项目时,系统会在 Program.cs 中自动生成一个 Main 方法,默认的 Main 方法代码如下:

```
static void Main()
  {
  }
```

说明：可以用 3 个修饰符来修饰 Main 方法，分别是 public、static 和 void。

- public：说明 Main 方法是公有的，可以在类外调用。默认是私有的 private。
- static：说明 Main 方法是静态的，必须直接使用类名来调用静态方法。
- void：说明 Main 方法无返回值。

4. 语句

语句是构成 C# 程序的基本单位，语句是以分号结束的。C# 语言区分大小写，书写代码时，注意尽量使用缩进来表示代码的层次结构。

5. 大括号

在 C# 中，大括号是一种范围标志，是表示代码层次的一种方式，大括号可以嵌套，以表示应用程序中的不同层次。大括号必须成对出现。

6. 注释

注释语句的作用是对某行或某段代码进行说明，以方便对代码的理解和维护，程序运行时注释语句不执行。注释语句分为单行注释、多行注释和文档注释 3 种。单行注释使用"//"开头，后面的文本为注释内容。对于连续的多行，可以使用多行注释语句，块注释使用"/*"开头，以"*/"结束，区间内容为注释内容。使用"///"可以进行文档注释，若有多行文档注释，每一行都用"///"开头。

在 Visual Studio 2010 中可以通过单击工具栏上的 ▣ 按钮实现，取消注释可以通过单击工具栏上的 ▣ 按钮实现。

任务1　Visual Studio 2010 开发环境的安装

■ 任务分析

Visual Studio 2010 是 Microsoft 公司于 2010 年发布的 .NET 开发工具，用于开发 ASP.NET Web 应用程序、XML Web Services、桌面应用程序和移动应用程序。

要使用 VS 2010 环境编写应用程序，必须首先安装 Visual Studio 2010 软件。可以到 Microsoft 的官网（http://www.microsoft.com/downloads/zh-cn/default.aspx）上获取 Visual Studio 2010 的安装文件，也可以从其他网站上下载 Visual Studio 2010 中文版。获取安装文件后就可以进行安装了。本任务将完成软件的安装。

◆ 任务实施

【步骤 1】　运行安装文件中的 Setup.exe 文件，应用程序会自动跳转到"Microsoft Visual Studio 2010 安装程序"窗口，如图 1-10 所示。

图 1-10　"Microsoft Visual Studio 2010 安装程序"窗口

【步骤 2】　单击第一个选项"安装 Microsoft Visual Studio 2010",弹出"Microsoft Visual Studio 2010 旗舰版 安装"窗口,如图 1-11 所示。

图 1-11　"Microsoft Visual Studio 2010 旗舰版 安装"窗口

【步骤 3】　单击"下一步"按钮,弹出"Microsoft Visual Studio 2010 旗舰版 安装程序-起始页"窗口,如图 1-12 所示。

【步骤 4】　选中"我已阅读并接受许可条款"单选按钮,单击"下一步"按钮,弹出"Microsoft Visual Studio 2010 旗舰版 安装程序-选项页"窗口,如图 1-13 所示。

图 1-12　"Microsoft Visual Studio 2010 旗舰版 安装程序-起始页"窗口

图 1-13　"Microsoft Visual Studio 2010 旗舰版 安装程序-选项页"

【**步骤 5**】 选择"完全"安装,并选择好产品安装路径后,单击"安装"按钮,进入"Microsoft Visual Studio 2010 旗舰版 安装程序-安装页"窗口,显示正在安装的组件,如图 1-14 所示。

图 1-14 "Microsoft Visual Studio 2010 旗舰版 安装程序-安装页"窗口

【**步骤 6**】 安装完毕后,单击"下一步"按钮,进入"Microsoft Visual Studio 2010 旗舰版 安装程序-完成页"窗口,如图 1-15 所示。

图 1-15 "Microsoft Visual Studio 2010 旗舰版 安装程序-完成页"窗口

【步骤7】 单击"完成"按钮,关闭"Microsoft Visual Studio 2010 旗舰版 安装程序-完成页"窗口,进入"Microsoft Visual Studio 2010 安装程序"窗口,如图 1-16 所示。

图 1-16 "Microsoft Visual Studio 2010 安装程序"窗口

【步骤8】 单击"退出"按钮,完成 Visual Studio 2010 软件的安装。

任务2 创建 C♯控制台应用程序

■ 任务分析

本任务的功能是创建一个"欢迎小张加入.NET 开发团队!"的 C♯控制台应用程序。

◆ 任务实施

【步骤1】 选择"开始"→Microsoft Visual Studio 2010 命令,如图 1-17 所示。

【步骤2】 单击 Microsoft Visual Studio 2010,进入"选择默认环境设置"窗口,如图 1-18 所示。

【步骤3】 选择"Visual C♯开发设置",打开"起始页"窗口,如图 1-19 所示。

【步骤4】 单击"新建项目",打开"新建项目"窗口,如图 1-20 所示。

【步骤5】 在左侧选择 Visual C♯,在右侧选择"控制台应用程序",并在下方的"名称"中输入 Welcome,"位置"中选择"F:\C♯工作目录\","解决方案名称"中也输入 Welcome,并单击"确定"按钮,进入如图 1-21 所示的编码窗口。

【步骤6】 在编码窗口中的 Main 方法中添加一行代码,加入代码后的 Main 方法如下所示:

```
static void Main(string[ ] args)
{
    Console.WriteLine("欢迎小张加入.NET 开发团队!");
}
```

图 1-17　启动 Visual Studio 2010

图 1-18　"选择默认环境设置"窗口

图 1-19　"起始页"窗口

图 1-20　"新建项目"窗口

图 1-21　控制台应用程序编码窗口

【步骤 7】　按 Ctrl＋F5 键运行该程序,输出结果如图 1-22 所示。按任意键可以结束该程序的运行,返回到编码窗口。

图 1-22　控制台应用程序运行结果

【步骤 8】　选择"文件"→"全部保存"命令或者单击工具栏上的"全部保存"按钮,将运行成功的项目进行保存。

说明:

- 控制台应用程序是指没有图形化用户界面,Windows 使用命令行方式与用户交互,文本输入输出都是通过标准控制台实现的程序,类似于标准的 C 语言程序。
- 控制台应用程序也可以通过记事本编写。
- 控制台程序至少包含一个 Program.cs 文件,用于存放 C# 源程序。每个 C# 源程序都必须含有且只能含有一个 Main()方法,用于指示编译器从此处开始执行程序。
- 控制台应用程序的输入输出功能是由 Console 类的不同方法来实现的。Console. WriteLine()方法和 Console.Write()方法用于输出,区别在于前者可以换行,后者则不换行;Console.ReadLine()方法和 Console.Read()方法用于从键盘读入数据,返回值都是字符串类型,区别在于前者换行,后者则不换行。

任务 3 创建 Windows 窗体应用程序

■ 任务分析

本任务的功能是创建一个"欢迎小张加入.NET 开发团队！"的 C♯ Windows 窗体应用程序。运行样式如图 1-23 所示。

图 1-23 任务运行结果

◆ 任务实施

【步骤 1】 启动 Visual Studio 2010，打开"新建项目"窗口。

【步骤 2】 在"新建项目"窗口左侧选择"Visual C♯"，右侧选择"Windows 窗体应用程序"，并在下方的"名称"中输入 welcomeapp，"位置"中选择"F:\C♯工作目录\"，解决方案名称中也输入 welcomeapp，如图 1-24 所示。

图 1-24 新建"Windows 窗体应用程序"界面

【步骤3】　单击"确定"按钮,进入如图1-25所示的窗体设计界面。

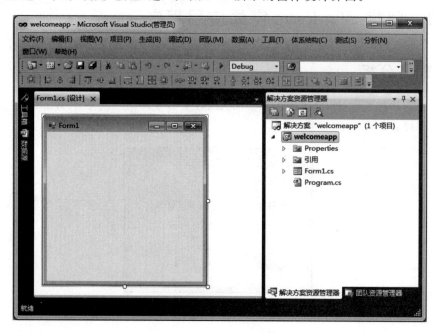

图1-25　窗体设计界面

【步骤4】　单击左侧的"工具箱",在弹出的"工具箱"窗口标题栏上右击,在快捷菜单中选中"停靠"命令,将"工具箱"停靠在窗体左侧,以便使用。

【步骤5】　在"工具箱"中找到Label控件,将其拖动到窗体上,或者直接双击该控件即可将控件添加到窗体上。再用相同的方法在窗体上添加两个Button控件,并将这些控件调整到合适的位置,完成后的窗体界面如图1-26所示。

【步骤6】　修改窗体和控件的属性。在窗体空白处右击,在弹出的快捷菜单中选择"属性"命令,将属性窗口中的Text属性值设置为"欢迎"。选中button1按钮控件和button2按钮控件的Text属性值分别设置为"显示"和"退出",选中label1标签控件,将其Text属性值清空,设置后的窗体界面如图1-27所示。

图1-26　添加控件后的窗体界面

图1-27　设置属性值后的窗体界面

【步骤7】　双击"显示"按钮,打开代码编辑窗口。在button1按钮的Click事件中加入以下代码:

```
label1.Text = "欢迎小张加入.NET开发团队!";
```

【步骤8】 单击"Form1.cs[设计]"选项卡,回到设计窗口,再双击"退出"按钮,进入到button2按钮的Click事件中,加入以下代码:

```
Application.Exit();
```

【步骤9】 单击"文件"→"全部保存"命令,或者单击工具栏上的相应按钮保存文件。

【步骤10】 按Ctrl+F5键运行该程序。单击显示按钮后,窗体上显示"欢迎小张加入.NET开发团队!",单击"退出"按钮,窗体关闭并结束整个应用程序的运行。

项目小结

本项目单元通过3个典型任务介绍了.NET和C#的基本知识、Visual Studio 2010开发环境的安装、C#控制台应用程序和Windows窗体应用程序的创建和运行,对VS 2010集成开发环境以及C#源程序的基本结构进行详细介绍。通过本项目的学习,读者可以初步了解VS 2010集成开发环境及其基本操作。

拓展实训

一、实训的目的和要求

(1) 掌握使用Visual Studio 2010创建控制台应用程序的步骤。

(2) 掌握使用Visual Studio 2010创建Windows窗体应用程序的步骤。

(3) 理解并体会应用程序的执行过程。

(4) 熟悉C#程序的基本结构。

(5) 熟悉Visual Studio 2010开发环境。

(6) 掌握Visual Studio 2010软件的安装。

二、实训内容

(1) 在自己的计算机上安装Visual Studio 2010软件。

(2) 编写控台程序,输出下面图形:

```
****************************
         欢迎进入C#的世界!
****************************
```

(3) 编写窗体应用程序,运行结果如图1-28所示。

图1-28 运行结果图

习题

一、选择题

1. 命名空间是类的组织方式，C♯提供了关键字（　　）来声明命名空间。

   A. namespace　　　　B. using　　　　　C. class　　　　　D. Main

2. C♯程序的语句必须以（　　）作为语句结束符。

   A. 逗号　　　　　　　B. 分号　　　　　　C. 冒号　　　　　　D. 大括号

3. Console 类是 System 命名空间中的一个类，该类用于实现控制台的基本输入输出，其中完成"输出一行文本"的方法是（　　）。

   A. WriteLine()　　　　B. Write()　　　　　C. ReadLine()　　　D. Read()

4. 下面（　　）是 C♯的单行注释语句。

   A. /＊注释内容＊/　　B. //注释内容　　　C. ///注释内容　　　D. Note 注释内容

5. 关于 C♯程序书写格式，以下说法错误的是（　　）。

   A. C♯是区分大小写的语言

   B. 注释语句是给程序员看的，不会被编译，也不会生成可执行代码

   C. 缩进在 C♯程序中是必需的

   D. 在 C♯中，大括号"{"和"}"是一种范围标志，可以嵌套使用

二、操作题

1. 编写控制台程序，输出如下的图形：

```
        *
      *   *
    *   *   *
```

2. 编写窗体应用程序，实现图片放大和缩小。程序运行结果如图 1-29 所示。单击"放大"按钮放大图片，单击"缩小"按钮缩小图片。

图 1-29　运行结果图

项目 2

C#基础知识

项目情境

小张已经顺利进入到该软件公司,现公司主管要求小张做一个"简单个人简历"的控制台程序来介绍自己,说明个人姓名、年龄、学历、专业等信息,在线输入后显示信息;并为用户设计一个简单计算器,实现加、减、乘、除。

学习重点与难点

➤ 理解变量和常量
➤ 理解 C# 语言的基本数据类型
➤ 掌握运算符和表达式
➤ 掌握一些 C# 的常用函数

学习目标

➤ 能编写正确的运算符和表达式
➤ 会声明和使用常量和变量
➤ 会使用 Console 类

任务描述

任务 1 编写控制台程序——实现个人简历的制作
任务 2 简单计算器程序
任务 3 长方体表面积和体积计算器
任务 4 根据身份证号获取个人信息

相关知识

知识要点:
➤ C# 的数据类型
➤ 变量与常量
➤ 运算符与表达式
➤ 常用的类及方法

知识点 1 C♯的数据类型

.NET Framework(.NET 框架体系)是一种跨语言的框架。为了在各种语言之间交互操作,部分.NET Framework 指定了类型中最基础的部分,这称为通用类型系统(CTS)。

应用程序的功能可以描述为对数据的处理,要处理数据就涉及如何在内存中存储数据。在程序语言中不同类型的数据,一般对应于不同的数据结构和存储方式,其参与运算的方式也不同。C♯支持 CTS,其数据类型包括基本数据类型,如 int、char 等,也包括复杂类型,如 string 等。C♯中的所有数据类型都是一个真正的类,具有格式化以及类型转换等方法。根据在内存中存放位置的不同,C♯中的数据类型分为以下两类:值类型和引用类型。值类型包括数值类型、布尔类型、字符类型、字符串类型、枚举类型和结构类型。

1. 数值类型

数值类型包括整数类型和小数类型。不同的类型存储不同范围的数据,占用不同的内存空间。表 2-1 和表 2-2 分别列出了 C♯中的整数类型和小数类型。

表 2-1 整数类型

数据类型	对应.NET Framework 中的类	说　明	取 值 范 围
sbyte	System. SByte	8 位有符号整数	$-128\sim127$
byte	System. Byte	8 位无符号整数	$0\sim255$
short	System. Int16	16 位有符号整数	$-32\,768\sim32\,767$
ushort	System. UInt16	16 位无符号整数	$0\sim65\,535$
int	System. Int32	32 位有符号整数	$-2\,147\,483\,648\sim2\,147\,483\,647$
uint	System. UInt32	32 位无符号整数	$0\sim4\,294\,967\,295$
long	System. Int64	64 位有符号整数	$-2^{63}\sim2^{63}-1$
ulong	System. UInt64	64 位无符号整数	$0\sim2^{64}$

表 2-2 小数类型

数据类型	对应.NET Framework 中的类	说　明	取值范围
float	System. Single	32 位单精度浮点数	—
double	System. Double	64 位双精度浮点数	—
decimal	System. Decimal	128 位精确小数类型	—

2. 布尔类型

C♯语言中的布尔类型用 bool 表示。取值只能是 True 或者 False,即真或者假。布尔类型对应于.NET Framework 类库中的 System. Boolean 类,它在计算机中占 4B,即 32b 存储空间。

3. 字符类型

C♯中使用 char 表示字符类型。字符类型包括英文字符、数字字符、中文等。C♯中采用 Unicode 字符集来表示字符类型。一个 Unicode 字符长度为 16b,即两个字节。字符类

型表示用单引号引起的单个字符,例如:

```
char s = 'a'
```

4. 字符串类型

字符串类型是多个字符的序列。类型标识符为 string。是用双引号引起的多个字符,定义字符串的语法如下:

```
string　变量名 = "student"
```

5. 枚举类型

枚举类型和结构体类型是两个略为复杂的数据类型。在程序中,有时需要表示一种离散的个数有限的数据,比如四季只有 4 个离散的值:春、夏、秋、冬,可以使用 4 个整数来表示,如使用 1、2、3、4,但这种表示方法不容易记忆。在 C# 中可以使用枚举类型来描述这种数据。

1) 枚举类型的定义

定义枚举类型的语法如下:

```
[访问修饰符] enum 枚举类型名称[: 基本类型]
{
    成员 1[ = 数据类型],
    成员 2[ = 数据类型],
    …
    成员 n[ = 数据类型]
}
```

"[]"中是可以省略不写的内容。enum 是枚举类型的关键字,访问限制符默认值为 internal,基本类型表示成员数据类型,可以是数据类型 byte、sbyte、short、ushort、int、uint、long 或 ulong 中的任何一种,省略时默认为 int。枚举类型的成员之间用逗号分隔。

例如:

```
enum season: ulong
{
    Spring,
    Summer,
    Autumn,
    Winter
}
```

此例声明了一个基类型为 ulong 类型的枚举,以便能够使用在 ulong 的范围内但不在 int 的范围内的值。

2) 枚举类型成员的值

在定义的枚举类型中,每一个枚举成员都有一个常量值与其对应,默认情况下枚举的基类型为 int,而且规定第一个枚举成员的取值为 0,它后面的每一个枚举成员的值加 1 递增,这样增加后的值必须在基类型可表示的值的范围内,否则将发生编译错误。如上例中

Spring＝0,Summer＝1,Autumn＝2,Winter＝3。在编程时可以根据实际需要为枚举成员赋值。如果某一枚举成员赋值了,那么枚举成员的值就以赋的值为准。在它后面的每一个枚举成员的值加 1 递增,直到下一个赋值枚举成员出现为止。例如:

```
enum Color
{
    Red,
    Green = 2,
    Blue,
    Black,
    Yellow = -1,
    White
}
```

各成员的值为:Red＝0,Green＝2,Blue＝3,Black＝4,Yellow＝－1,White＝0。

3)枚举成员的访问

在 C# 中可以通过枚举名和枚举变量这两种方式来访问枚举成员:

```
枚举名.枚举成员;
```

或

```
枚举类型名　变量名;
变量名 = 枚举名.枚举成员;
```

如上面定义的 color 枚举类型,访问枚举成员的方法:

```
Color.Red
```

或

```
Color cl;
cl = Color.Red
```

6. 结构类型

在日常生活中经常会遇到一些更为复杂的数据类型。例如,描述学生的基本信息,包括学号、姓名、年龄和性别。如果使用简单类型来管理,每一条记录都要存放在多个不同的变量当中,这样变量相互割裂,不够直观,处理工作量也很大。在 C# 中可以使用结构类型来进行描述。结构类型是一种用户自定义的数据类型,它由一组不同数据类型组成的数据结构。

1)结构类型的定义

结构类型的定义语法如下:

```
[访问修饰符] struct 结构标识名[:基接口列表]
{
    [成员的访问修饰限制符]　成员类型　成员名;
}
```

struct 是结构类型的关键字,结构的访问限制符默认为 internal,成员的访问修饰限制符默认为 private,成员之间的分隔符使用分号。

例如:

```
struct   student
{
    int sno;
    string sname;
    int sage;
    char ssex;
}
```

2) 结构类型成员的访问

结构类型成员的访问需要使用结构类型变量,也就是必须首先声明结构类型变量,然后才能访问结构成员,语法格式如下:

```
结构类型名   变量名;
变量名.结构成员;
```

例如:

```
student stu;
stu.sno
```

7. 数据类型的转换

在 C♯ 中不同数据类型之间可以相互转换。类型转换有两种形式:隐式转换和显式转换。当从低精度类型向高精度类型转换时可以进行隐式转换,比如 int 型转换为 long 型,而从高精度类型到低精度则必须进行显式转换,比如 long 型向 int 型转换。

1) 隐式转换

隐式转换不需要加以声明就可以进行转换。表 2-3 列出了可以进行的隐式转换。

表 2-3   隐式转换

源 类 型	目 标 类 型
sbyte	short、int、long、float、double、decimal
byte	short、ushort、int、uint、long、ulong、float、double、decimal
short	int、long、float、double、decimal
ushort	int、uint、long、ulong、float、double、decimal
int	long、float、double、decimal
uint	long、ulong、float、double、decimal
long	float、double、decimal
ulong	float、double、decimal
char	ushort、int、uint、long、ulong、float、double、decimal
float	double

注意:不存在向 char 类型的隐式转换,实数型也不能隐式地转换为 decimal 类型。

2) 显式转换

显式转换就是强制转换,可以由用户直接指定转换后的类型。显式转换不能总是成功,有时候成功了也会丢失部分信息。例如:

```
short i;
double j = 12.3456;
bool d = false;
int m = 1234567;
i = (short)j;          //小数部分丢失,i中数值为12
i = (short)d;          //不能转换,无法将布尔类型转换为数值型
i = (short)m;          //数据溢出,i的值为 - 10 617
```

也可以利用 Convert 类的各种方法来进行显示转换。例如:

```
int a = Convert.ToInt32("100");
```

各种类型的转换方法如表 2-4 所示。

表 2-4　Convert 类中常用的类型转换方法

方　法　名	功　　能
ToBoolean	将指定的值转换为等效的布尔值
ToByte	将指定的值转换为等效的 8 位无符号整数
ToChar	将指定的值转换为其等效的 Unicode 字符
ToDateTime	将日期和时间的指定字符串表示形式转换为等效的日期和时间值
ToDecimal	将指定的值转换为 Decimal 数字
ToDouble	将指定的值转换为等效的双精度浮点数
ToInt16	将指定的值转换为等效的 16 位有符号整数
ToInt32	将指定的值转换为等效的 32 位有符号整数
ToInt64	将指定的值转换为等效的 64 位有符号整数
ToSByte	将指定的值转换为等效的 8 位有符号整数
ToSingle	将指定的值转换为等效的单精度浮点数
ToString	将指定的值转换为其等效的字符串表示形式
ToUInt16	将指定的值转换为等效的 16 位无符号整数
ToUInt32	将指定的值转换为等效的 32 位无符号整数
ToUInt64	将指定的值转换为等效的 64 位无符号整数

知识点 2　变量与常量

1. 常量

常量是指在程序运行过程中始终保持不变的量。常量包括符号常量、字符常量、字符串常量、数值常量和布尔常量。常量的声明使用 const 关键字。定义的语法格式如下:

const 数据类型　常量名 = 值表达式;

下面是一些正确的常量定义例子,符号常量一般用大写字母来定义。

```
const int B = 100;
const char C = 'A';
const double PI = 3.141 592 6;
```

2. 变量

变量是指在程序运行过程中值可以改变的量。要使用变量,必须先声明变量,声明变量

时要指定变量的数据类型和名称。变量名的命名规则如下：

（1）变量名只能由字母、数字和下画线组成，不能以数字开头，一般用小写字母开头。

（2）不能用 C♯ 中的关键字做变量名。

（3）变量名最好能见名知义，比如要定义一个变量代表学号就可以使用 studentId，看见名字就知道它的含义。如果变量名由两个以上单词组成，则第二个单词开始首字母大写。

声明变量的语法如下：

数据类型　变量名；

下面是一些正确的变量定义的例子：

```
int studentId;
double studentHeight, studentWeight;
char studentSex;
```

定义变量后，在程序中可以通过表达式来给变量赋值。比如：

```
studentId = 1001;
studentHeight = 1.68;
studentWeight = 55.5;
studentSex = '女';
```

在定义变量时，也可同时给它赋值，比如：

```
int studentId = 1001;
double studentHeight = 1.68, studentWeight = 55.5;
```

知识点 3　运算符与表达式

1. 运算符

运算符又称为操作符，是数据间进行运算的符号。C♯ 中有丰富的运算符，按照使用的操作数的个数，可以分为一元运算符、二元运算符和三元运算符。按运算类型划分可分为算术运算符、关系运算符、条件运算符、赋值运算符、逻辑运算符、位字符串连接运算符等。运算符说明及使用如表 2-5 所示。

表 2-5　运算符

类别	运算符	说　明	示　例	运算结果
算术运算符	＋	用于执行加法运算	6＋5	11
	－	执行减法运算	9－2	7
	＊	执行乘法运算	4＊7	28
	/	执行除法运算取商	9/3	3
	％	获得除法运算的余数	12％5	2
	＋＋	递增，操作数加 1	i＝2;j＝i＋＋;	运算后,i 的值是 2,j 的值是 3
			i＝2;j＝＋＋i;	运算后,i 的值是 3,j 的值 3
	－－	递减，操作数减 1	i＝2;j＝i－－;	运算后,i 的值是 2,j 的值是 1
			i＝2;j＝－－i;	运算后,i 的值是 1,j 的值是 1

续表

类别	运算符	说　明	示　例	运　算　结　果
关系运算符	＞	检查一个数是否大于另一个数	78＞45	True
	＜	检查一个数是否小于另一个数	78＜45	False
	＞＝	检查一个数是否大于等于另一个数	45＞＝6	True
	＜＝	检查一个数是否小于等于另一个数	45＜＝6	False
	＝＝	检查两个数是否相等	3＝＝3	True
	！＝	检查两个数是否不等	3！＝4	True
赋值运算符	＝	给变量赋值	int a＝3;	a 的值为 3
	＋＝	操作数 1 和操作数 2 相加后赋值给操作数 1	int a＝1,b＝2; b＋＝a;	将 a 加 b 的值赋值给 b,运算后 b 的值为 3
	－＝	操作数 1 和操作数 2 相减后赋值给操作数 1	int a＝1,b＝2; b－＝a;	将 b 减 a 的值赋值给 b,运算后 b 的值为 1
	＊＝	操作数 1 和操作数 2 相乘后赋值给操作数 1	int a＝2,b＝3; b＊＝a;	将 b 乘以 a 的值赋值给 b,运算后 b 的值为 6
	／＝	操作数 1 和操作数 2 相除后赋值给操作数 1	int a＝2,b＝8; b／＝a;	将 b 除 a 的值赋值给 b,运算后 b 的值为 4
	％＝	操作数 1 和操作数 2 相除取余后赋值给操作数 1	int a＝2,b＝9; b％＝a;	将 b 除 a 的余数赋值给 b,运算后 b 的值为 1
逻辑运算符	＆＆	当两个表达式都为真时结果为真,否则结果为假	10＜5 ＆＆ 3＞2	False
	∣∣	只要有一个表达式的值为真结果就为真	10＜5 ＆＆ 3＞2	True
	！	对表达式的结果取反	！(3＞2)	False
位运算符	＆	按位与运算	1001001＆1111000	运算结果为：1001000
	∣	按位或运算	1001001∣1111000	1111001
	^	按位异或运算	1001001^1111000	0110110
条件运算符	？：	检查给出的表达式是否为真,如果为真,运算结果为操作数 1;如果为假,运算结果为操作数 2	表达式?:操作数 1 :操作数 2 4＞3? 7：5	运算结果为 7

说明：

(1) 算术运算符中的一元运算符：递增"＋＋"、递减"－－"；二元运算符：＋、－、＊、／、％。

(2) 递增"＋＋"或递减"－－"分别让操作数自身加 1 或者减 1,当递增"＋＋"或递减"－－"在操作数前时,先使操作数的值加 1 或减 1,再进行之后运算。当递增"＋＋"或递减"－－"在操作数后时,先进行运算,再使操作数的值加 1 或减 1。

(3) 算术运算符中的"＋"可以用在字符串的连接运算中,称为连接运算符,该运算符为二元运算符,可以实现两个字符串的连接操作。例如,"abc"＋"def",运算后的结果为"abcdef"。

2．表达式

表达式是按照一定规则，把运算符和操作数连接起来的式子。

3．运算符优先级

一个表达式中含有多个运算符时，运算符的优先级决定各运算的执行顺序。当运算符的优先级相同时，按照从左到右的顺序运算（赋值运算符和条件运算符是从右向左执行）。可以通过在表达式中使用小括号来改变运算符的执行顺序，小括号可以嵌套。例如，x＋y＊z按照运算符的优先级要先执行 y＊z，再执行加法运算；而（x＋y）＊z 先执行小括号中的加法运算，再将结果乘以 z。

各运算符的优先级如表 2-6 所示。

表 2-6　运算符优先级

优　先　级	类　　别	运　算　符
1	一元	＋、－、!、＋＋、－－
2	乘除	＊、/
3	加减	＋、－
4	关系运算符	＜、＞、＜＝、＞＝
5	相等或不相等	＝＝、!＝
6	按位与运算符	&
7	按位异或运算符	＾
8	按位或运算符	|
9	逻辑与运算符	&&
10	逻辑或运算符	||
11	条件运算符	?:
12	赋值	＝、＊＝、/＝、％＝、＋＝、－＝

知识点4　常用的类及方法

1．String 类及常用方法

String 类可以用来对字符串进行处理，它有一个属性 Length，可以获得字符串对象中的字符数。它的方法有很多，常用的方法如表 2-7 所示。

表 2-7　String 类的常用方法及功能

方　法　名	功　　能	方　法　名	功　　能
Replace	替换字符串	Insert	插入字符串
Contains	判断是否包含指定子串	Remove	删除字符串
IndexOf	定位字符和子串	Format	格式化字符串
Substring	获得子串	ToUpper、ToLower	更改大小写

1）Replace 方法

如果想要替换掉一个字符串中的某些特定字符或者某个子串，可以使用 Replace 方法来完成。语法格式如下：

```
Replace(char oldchar,char newchar)
Replace(string oldvalue,char newvalue)
```

参数 oldchar 和 oldvalue 为待替换的字符和子串，而 newChar 和 newValue 为替换后的新字符和新子串，方法返回值为替换后的字符串。

示例：

```
string stringold = "Good Afternoon,Jack!Welcome to DaLian,Jack!";
string stringnew = stringold.Replace("Jack", "Rain");
Console.WriteLine("{0}", stringnew);
```

则输出结果为：

Good Afternoon, Rain! Welcome to DaLian, Rain!

【案例 2-1】 设计一个类似 word 中的查找替换功能的程序，运行效果如图 2-1 所示。

图 2-1　查找替换运行效果

参考代码如下：

```
private void button1_Click(object sender, EventArgs e)
{
    string oldstring = textBox3.Text;         //替换前的字符串
    string newsplace = textBox2.Text;         //替换后的字符串
    string findstring = textBox1.Text;        //查找的字符串
    string newstring = oldstring.Replace(findstring, newsplace);
    textBox3.Text = newstring;                //替换后的结果,放在文本框 3 中显示
}
```

2）Contains 方法

Contains 方法用来判断一个字符串中是否包含某个子串。语法格式如下：

```
Contains(string value)
```

参数 value 为待判断的子串。如果包含子串，方法返回值为 True，否则返回 False。

示例：

```
string oldstring = "hello";
```

```
bool s = oldstring.Contains("el");
Console.WriteLine("{0}", s);                    //输出结果为: True
```

3）IndexOf 方法

IndexOf 方法可以查找指定字符串首次出现的位置（返回值为整数），查找字符串时区分大小写，并从字符串的首字符开始以 0 计数。如果找不到，则返回－1。语法格式如下：IndexOf(string value)，value 表示要查找的字符串。

示例：

```
string s = "hello";
int n = s.IndexOf("e");
Console.WriteLine("{0}", n);                    //输出结果为: 1
```

4）Substring 方法

Substring 方法用来从字符串的指定位置取出指定个数的字符。语法格式如下：

```
Substring(int StartIndex, int length)
```

参数 StartIndex 为截取的起始位置，参数 length 为截取的长度，length 可以省略，表示从开始位置截取到字符串的末尾。

示例：

```
string s = "hello";
string str = s.Substring(2, 2);
Console.WriteLine("{0}", str);                  //输出结果为: ll
```

5）Insert 方法

Insert 方法可以在一个字符串的指定位置插入指定的字符串，语法格式如下：

```
Insert(int StartIndex, string value)
```

示例：

```
string s = "hello";
string str = s.Insert(5, " word");
Console.WriteLine("{0}", str);                  //输出结果为: hello word
```

6）Remove 方法

Remove 方法可以删除字符串中从指定位置到最后位置的所有的字符或者是从指定位置开始的指定数量的字符。语法格式如下：

```
Remove(int StartIndex, int count)
```

或者

```
Remove(int StartIndex)
```

参数 StartIndex 为删除的起始位置，参数 count 为删除的字符个数，省略则表示删除到结尾。

示例：

```
string s = "hello word";
```

```
string str = s.Remove(6, 2);
Console.WriteLine("{0}", str);                    //输出结果为: hello rd
```

7）ToUpper 方法和 ToLower 方法

ToUpper 方法用来将字符串中所有英文字母转换为大写字母，ToLower 方法用来将字符串中的所有英文字母转换为小写。语法格式如下：

ToUpper()、ToLower()

示例：

```
string s = "Hello Word";
string bigStr = s.ToUpper();
Console.WriteLine("{0}", bigStr);                 //输出结果为: HELLO WORD
string smallStr = s.ToLower();
Console.WriteLine("{0}", smallStr);               //输出结果为: hello word
```

8）Format 方法

Format 方法用于创建格式化的字符串及连接多个字符串对象。Format 方法也有多个重载形式，最常用的为：

Format(string format, params object[] args)

参数 format 用于指定返回字符串的格式，args 为一系列变量参数。格式说明如表 2-8 所示。

表 2-8　格式字符

字　符	说　　明	示　　例	输出结果
C	货币	string.Format("{0:C3}",1)	$1.000
D	十进制	string.Format("{0:D3}",1)	001
E	科学记数法	1.20E+001	1.20E+001
G	常规	string.Format("{0:G}",1)	1
N	用分号隔开的数字	string.Format("{0:N}",10000)	10,000.00
X	十六进制	string.Format("{0:X000}",23)	17
F	格式化日期	string.Format("{0:F}",System.DateTime.Now)	2017 年 2 月 18 日 20:29

说明：

➤ 格式化货币：中文系统会在数字前加上"￥"符号，英文系统会在数字前加上"$"符号。

➤ 默认格式化小数点后面保留两位小数，如果需要保留一位或多位，可以指定位数，如：

string.Format("{0:C1}",12.15)

结果为：

￥12.2(截取采取四舍五入方式)

➤ 可以用分号隔开数字，并指定小数点后的位数。如：

string.Format("{0:N}",100000)

结果为：

10,000.00

➤ 日期格式化。如

string.Format("{0:F}",System.DateTime.Now)

结果为：

2017 年 2 月 18 日 20：29
string.Format("{0:d}", System.DateTime.Now)

结果为：

2017/2/18

2. DateTime 时间类

DateTime 时间类的常用方法如表 2-9 所示。

表 2-9　DateTime 时间类

方　　法	说　　明
System.DateTime.Now	获取当前年月日时分秒
DateTime.Now.Year；	获取当前年,返回值为整数
DateTime.Now.Month；	获取当前月,返回值为整数
DateTime.Now.Day；	获取当前日,返回值为整数
DateTime.Now.Hour；	获取当前小时,返回值为整数
DateTime.Now.Minute；	获取当前分,返回值为整数
DateTime.Now.Second；	获取当前秒,返回值为整数
DateTime.Now.Millisecond；	获取当前毫秒,返回值为整数
DateTime.Now.AddDays(n)；	获取当前时间 n 天后的日期时间

3. Math 数学类

Math 数学类是数学常用库函数类,常用方法如表 2-10 所示。

表 2-10　Math 数学类

名　　称	说　　明
Math.abs(decimal x)	对 x 的求绝对值
Math.acos(decimal x)	返回余弦值为 x 的角度,其中$-1 \leqslant x \leqslant 1$
Math.asin(decimal x)	返回正弦值为 x 的角度,其中$-1 \leqslant x \leqslant 1$
Math.atan(decimal x)	计算反正切值,返回正切值为 x 的角度
Math.ceil(decimal x)	将数字向上舍入为最接近的整数
Math.cos(decimal x)	计算余弦值,x 为以弧度为单位的角
Math.exp(decimal x)	计算指数值,返回 e 的 x 次幂
Math.floor(decimal x)	将数字向下舍入为最接近的整数
Math.log(decimal x,decimal y)	计算以 y 为底数 x 的对数

续表

名　　称	说　　明
Math. max(decimal x,decimal y)	返回两个整数中较大的一个
Math. min(decimal x,decimal y)	返回两个整数中较小的一个
Math. pow(decimal x,decimal y)	计算 x 的 y 次幂
Math. random()	返回一个 0.0 与 1.0 之间的伪随机数
Math. round(decimal x)	四舍五入为最接近的整数
Math. sin(decimal x)	计算 x 的正弦值,x 为以弧度为单位的角
Math. sqrt(decimal x)	计算 x 的平方根
Math. tan(decimal x)	计算 x 的正切值,x 为以弧度为单位的角

4. Random 随机类

Random 随机类是一个产生随机类的函数。它的构造函数有两种:一种是 New Random(),另一种是 New Random(Int32),前者是根据触发那一刻的系统时间作为种子,来产生一个随机数字,后者可以自己设定触发的种子。

Random 随机类的使用方法是首先声明一个 Random 类,再使用 Next 方法来产生某个范围内的随机数,语法格式如下:

Random. Next(int minvalue,int maxvalue)

函数返回值为整数,参数 minvalue 表示最小数,maxvalue 表示最大数。

```
Random r = new Random();
int i = r.Next(1,100)
```

上题表示产生 1~100 的随机数。

【**案例 2-2**】 随机产生三角形的 3 条边长,判断这 3 条边是否可以构成一个三角形,如果可以则计算出三角形的面积,否则输出不能构成三角形的提示信息。程序代码如下:

```csharp
static void Main(string[ ] args)
{
    int a, b, c;
    double area, p;
    Random r = new Random();
    a = r.Next(1, 100);
    b = r.Next(1, 100);
    c = r.Next(1, 100);
    Console.WriteLine("随机产生的第一条边长为:{0}", a);
    Console.WriteLine("随机产生的第二条边长为:{0}", b);
    Console.WriteLine("随机产生的第三条边长为:{0}", c);
    p = (a + b + c) / 2;
    if ((a + b) > c && (a + c) > b && (b + c) > a)
    {
        area = Math.Sqrt(p * (p - a) * (p - b) * (p - c));
        Console.WriteLine("三条随机边长构成的三角形的面积为:{0}",area);
    }
    else
        Console.WriteLine("三条随机边长不能构成三角形");
}
```

任务1 编写控制台程序——实现个人简历的制作

■ 任务分析

公司主管要求小张做一个"简单个人简历"的控制台程序来介绍自己,说明个人姓名、年龄、学历、专业等信息,在线输入后显示信息。运行结果如图 2-2 所示。

图 2-2 运行结果图

本任务需要定义几个变量分别存储输入的数据,再输出变量的值。

◆ 任务实施

【步骤 1】 启动 Visual Studio 2010,打开"新建项目"窗口。在左侧选择 Visual C#,在右侧选择"控制台应用程序",并在下方的"名称"中输入 resume,"位置"中选择 F:\C#工作目录\,"解决方案名称"中也输入 resume,并单击"确定"按钮,进入如图 2-3 所示的代码编辑窗口。

图 2-3 代码编辑窗口

【步骤2】　在 Main 方法中输入如下的语句：

```
string sname, education, major;
int sage;
Console.Write("您的姓名：");
sname = Console.ReadLine();
Console.Write("您的年龄：");
sage = Convert.ToInt32(Console.ReadLine());
Console.Write("您的学历：");
education = Console.ReadLine();
Console.Write("您的专业：");
major = Console.ReadLine();
Console.WriteLine("以下是你的个人资料：");
Console.WriteLine("您的姓名：{0}",sname);
Console.WriteLine("您的年龄：{0}", sage);
Console.WriteLine("您的学历：{0}", education);
```

【步骤3】　按 Ctrl+F5 键执行程序，输入姓名后按回车键，再依次输入年龄、学历和专业，得到如图 2-4 所示的界面。

【步骤4】　输入完专业后按回车键，得到如图 2-5 所示的输出结果。

图 2-4　输入界面

图 2-5　输出结果界面

任务2　简单计算器程序

■ 任务分析

本任务的功能是创建一个如图 2-6 所示的简单计算器程序。

图 2-6　运行界面图

该任务需要在窗体上添加 1 个标签控件 Label、3 个文本框控件 TextBox、1 个按钮 Button、1 个组合框 ComboBox。控件属性的设置如表 2-11 所示。

表 2-11　对象属性设置

对　象	属　性	属　性　值
窗体 Form1	Text	计算器
标签 Label1	Text	简单计算器
	Font	四号、黑体
	ForeColor	橘色
文本框 TextBox1	Name	TxtA
	Text	清空
文本框 TextBox2	Name	TxtB
	Text	清空
文本框 TextBox3	Name	TxtB
	Text	清空
组合框 ComboBox1	Items	＋、－、＊、╲
按钮 Button1	Text	＝

◆ 任务实施

【步骤 1】　启动 Microsoft Visual Studio 2010，单击"新建项目"，打开"新建项目"窗口，在左侧选择 Visual C♯，在右侧选择"Windows 窗体应用程序"，并在下方的"名称"中输入 counter，"位置"中选择"F:\C♯工作目录\"，"解决方案名称"中也输入 counter，并单击"确定"按钮，进入窗体设计界面。

【步骤 2】　设计界面。单击左侧"工具箱"，在弹出的"工具箱"窗口标题栏上右击，在快捷菜单中选中"停靠"命令，将"工具箱"停靠在窗体左侧，以便使用。

【步骤 3】　在"工具箱"中找到 Label 控件，将其拖动到窗体上，或者直接双击该控件即可将控件添加到窗体上。再用相同的方法在窗体上添加 1 个 Button 控件、3 个文本框控件 TextBox、1 个组合框 ComboBox，并将这些控件调整到合适的位置，完成后的窗体界面如图 2-7 所示。

图 2-7　设计界面

【步骤 4】　修改窗体的属性。在窗体空白处右击，在弹出的快捷菜单中选择"属性"命令，将属性窗口中的 Text 属性值设置为"计算器"。

【步骤5】　修改标签 Label1 的属性。选中 Label1 控件,将属性窗口的 Text 属性值设置为"简单计算器",选择 ForeColor 属性,单击右侧的下拉箭头,打开如图 2-8 所示的窗口,在该窗口中选择"自定义"选项卡,在弹出的颜色中选择"橘色"。单击 Font 属性右侧的图标,打开字体设置对话框,如图 2-9 所示。在"字体"对话框的"字体"中选择"黑体","大小"中选择"四号",单击"确定"按钮,完成字体设置,回到属性窗口。

图 2-8　文字颜色的设置　　　　　　　　　　图 2-9　字体设置对话框

【步骤6】　修改 3 个文本框的属性。选择 TextBox1 将其 Name 属性值修改为 TxtA,选择 TextBox2 将其 Name 属性值修改为 TxtB,选择 TextBox3 将其 Name 属性值修改为 TxtC。

【步骤7】　修改 Button1 按钮的属性。选择 Button1 按钮,将其 Text 属性值改为"="。

【步骤8】　修改组合框 ComboBox 的属性。选择组合框 ComboBox,单击 Items 属性右侧的图标,打开"字符串集合编辑器"窗口,在光标处输入"+"并按回车键,再依次输入"-""*""/",如图 2-10 所示,输入完毕后单击"确定"按钮。设置好全部控件属性后的窗体如图 2-11 所示。

图 2-10　"字符串集合编辑器"窗口　　　　　图 2-11　设置属性后的窗体界面

【**步骤 9**】 编写代码。双击 Button1 按钮,进入 Button1 按钮的 Click 事件中,编写如下代码:

```
private void button1_Click(object sender, EventArgs e)
{
    int a,b,c;
    a = Convert.ToInt32(TxtA.Text);
    b = Convert.ToInt32(TxtB.Text);
    if (comboBox1.Text == "+")
        c = a + b;
    else if (comboBox1.Text == "-")
        c = a - b;
    lse if (comboBox1.Text == "*")
        c = a * b;
    else
        c = a / b;
    TxtC.Text = c.ToString();
}
```

【**步骤 10**】 按 Ctrl+F5 键执行程序,按图 2-12 进行输入,并在组合框中选择不同运算符,单击"="按钮,在右侧文本框中会显示运行结果,如图 2-13 所示。

图 2-12 输入数据窗口

图 2-13 运行结果界面

任务3 长方体表面积、体积计算器

■ 任务分析

本任务的功能是创建一个长方体表面积、体积计算器。运行结果如图 2-14 所示。

图 2-14   长方体表面积、体积计算器

该任务需要在窗体上添加 5 个标签控件 Label、5 个文本框控件 TextBox、2 个按钮控件 Button。控件属性的设置如表 2-12 所示。

表 2-12   对象属性的设置

对　象	属　性	属　性　值
Form1	Text	长方体
Label1	Text	长：
Label2	Text	宽：
Label3	Text	高：
Label4	Text	表面积：
Label5	Text	体积：
TextBox4	Enabled	False
TextBox5	Enabled	False
Button1	Text	计算
Button2	Text	退出

◆ 任务实施

【步骤 1】　启动 Microsoft Visual Studio 2010，单击"新建项目"，打开"新建项目"窗口，在左侧选择 Visual C#，在右侧选择"Windows 窗体应用程序"，并在下方的"名称"中输入 cuboidcount，"位置"中选择"F:\C♯工作目录\"，"解决方案名称"中也输入 cuboidcount，单击"确定"按钮，进入窗体设计界面。

【步骤 2】　设计界面。在"工具箱"中找到 Label 控件，将其拖动到窗体上，或者直接双击该控件即可将控件添加到窗体上。用同样方法再添加 4 个 Label 控件、2 个 Button 控件、5 个 TextBox 控件，并将这些控件调整到合适的位置，完成后的窗体界面如图 2-15 所示。

【步骤 3】　按照表 2-12 中的要求对窗体和控件的属性进行修改，修改后的界面如图 2-16 所示。

图 2-15 添加控件后的窗体界面   图 2-16 修改属性后的窗体界面

【**步骤 4**】 编写代码。双击"计算"按钮,进入 button1 按钮的 Click 事件中,编写如下代码:

```csharp
private void button1_Click(object sender, EventArgs e)
{
    string strA, strB, strC;
    double a, b, c, area, v;
    strA = textBox1.Text.Trim();         //获取长,字符串类型
    strB = textBox2.Text.Trim();         //获取宽,字符串类型
    strC = textBox3.Text.Trim();         //获取高,字符串类型
    a = Convert.ToDouble(strA);          //转换成实数类型
    b = Convert.ToDouble(strB);
    c = Convert.ToDouble(strC);
    area = 2 * (a * b + a * c + b * c);  //计算表面积
    v = a * b * c;                       //计算体积
    textBox4.Text = area.ToString();     //转换成字符串类型,并显示在文本框中
    textBox5.Text = v.ToString();        //转换成字符串类型,并显示在文本框中
}
```

【**步骤 5**】 单击"Form1.cs[设计]"选项卡,回到设计窗口,再双击"退出"按钮,进入到 button2 按钮的 Click 事件中,加入以下代码:

```csharp
Application.Exit();
```

【**步骤 6**】 单击"文件"→"全部保存"命令,或者单击工具栏上的相应按钮保存文件。

【**步骤 7**】 按 Ctrl+F5 键运行该程序。输入长、宽、高,单击"计算"按钮后,计算出长方体表面积和体积。单击"退出"按钮,窗体关闭并结束整个应用程序的运行,如图 2-17 所示。

图 2-17 运行结果图

任务4　根据身份证号获取个人信息

■ 任务分析

本任务的功能是单击"提取"按钮后根据输入的用户的身份证号信息获取出生的年月日及性别等信息并显示在相应的文本框中。界面如图 2-18 所示。

图 2-18　运行效果图

注意：身份证号的倒数第 2 位，如果是奇数则性别为男，如果是偶数则性别为女。单击"退出"按钮程序结束。

该任务需要在窗体上添加 3 个标签控件 Label、3 个文本框控件 TextBox、2 个按钮控件 Button。控件属性的设置如表 2-13 所示。

表 2-13　控件属性设置

对　象	属　性	属　性　值
Form1	Text	个人信息
Label1	Text	身份证号：
Label2	Text	出生日期：
Label3	Text	性别：
TextBox2	Enabled	False
TextBox3	Enabled	False
Button1	Text	提取
Button2	Text	退出

◆ 任务实施

【步骤1】　启动 Microsoft Visual Studio 2010，单击"新建项目"，打开"新建项目"窗口，在左侧选择 Visual C♯，在右侧选择"Windows 窗体应用程序"，并在下方的"名称"中输入 IdentityDraw，"位置"中选择"F:\C♯工作目录\"，"解决方案名称"中也输入 IdentityDraw，单击"确定"按钮，进入窗体设计界面。

【步骤 2】　设计界面。在"工具箱"中找到 Label 控件,将其拖动到窗体上,或者直接双击该控件即可将控件添加到窗体上。用同样方法再添加 2 个 Label 控件、2 个 Button 控件和 3 个 TextBox 控件,并将这些控件调整到合适的位置,完成后的窗体界面如图 2-19 所示。

【步骤 3】　按照表 2-13 中的要求对窗体和控件的属性进行修改,修改后的界面如图 2-20 所示。

图 2-19　添加控件后的界面　　　　　　图 2-20　修改属性后的窗体界面

【步骤 4】　编写代码。双击"提取"按钮,进入 Button1 按钮的 Click 事件中,编写如下代码:

```csharp
private void button1_Click(object sender, EventArgs e)
{
    string strCard = textBox1.Text.Trim();          //获取身份证号
    string strYear = strCard.Substring(6, 4);       //截取出生年份
    string strMonth = strCard.Substring(10, 2);     //截取出生月份
    string strDay = strCard.Substring(12,2);        //截取出生日
    textBox2.Text = strYear + "-" + strMonth + "-" + strDay;
                                                    //合成出生日期显示
    string str = strCard.Substring(16,1);           //截取倒数第二个字符
    int a = Convert.ToInt32(str);                   //将其转换成整型
    string strSex;                                  //定义表示性别的变量
    if (a % 2 == 0)                                 //判读倒数第二个字符是否为偶数
        strSex = "女";
    else
        strSex = "男";
    textBox3.Text = strSex;                         //显示性别的值
}
```

【步骤 5】　单击"Form1.cs[设计]"选项卡,回到设计窗口,再双击"退出"按钮,进入到 Button2 按钮的 Click 事件中,加入以下代码:

```csharp
Application.Exit();
```

【步骤 6】　单击"文件"→"全部保存"命令,或者单击工具栏上的相应按钮保存文件。

【步骤 7】　按 Ctrl+F5 键运行该程序。

项目小结

本项目通过 4 个任务讲解了 C# 的基本数据类型，介绍了变量与常量的定义，各种运算符与表达式及其优先级别，还介绍了常用的类及方法。通过本项目的学习，读者可以掌握 C# 语言的基础知识，掌握基本的编程能力，为进一步学习 C# 编程打好基础。

拓展实训

一、实训的目的和要求

（1）理解变量和常量。

（2）理解 C# 语言的基本数据类型。

（3）掌握运算符和表达式。

（4）掌握一些 C# 的常用函数。

（5）能正确地使用运算符和表达式。

（6）会声明和使用常量和变量。

（7）会使用 Console 类。

二、实训内容

（1）设计如图 2-21 所示的简易计算器程序。输入两个操作数，选择运算符。单击"执行运算"按钮显示结果；"退出"按钮用于退出程序。

图 2-21　简易计算器界面

（2）设计开发小型理财工具软件。要求具备公积金贷款计算功能，可以根据输入的贷款数额、公积金贷款年利率、贷款年数，计算并显示出总还款数额、总利息、月还款数额。还要求该软件具备银行存款利息计算功能，可以根据输入的存款数额、起始时间、结束时间、存款月利率,计算出可以获得的利息。运行界面如图 2-22 所示。

图 2-22 程序运行界面图

习题

一、选择题

1. 下列数据类型中不是数值类型的是( )。

    A. int   B. char   C. double   D. float

2. C#中的三元运算符是( )。

    A. %   B. ++   C. || D. ?:

3. 下列运算符中优先级最高的是( )。

    A. -   B. ==   C. &&   D. !

4. 下列程序语句中,变量 j 的值为( )。

```
int j,a = 41,b = 5; j = a % b;
```

    A. 8.2   B. 1   C. 8   D. 8.0

5. 下列程序语句中,变量 j 的值为( )。

```
int j,a = 10;j = ++a;
```

    A. 11   B. 12   C. 9   D. 10

6. 已知 a,b,c 均为整型变量,下列表达式的值等于( )。

```
b = a = (b = 20) + 100;
```

    A. 120   B. 100   C. 20   D. true

7. 下面有关变量和常量的说法,正确的是( )。

    A. 在程序运行过程中,变量的值是不能改变的,而常量是可以改变的

　　B. 常量定义必须使用关键字 const

　　C. 在给常量赋值的表达式中不能出现变量

　　D. 常量在内存中的存储单元是固定的,变量则是变动的

8. 表达式"100"＋"88"的值为(　　　)。

　　A. 88100　　　　　　B. 188　　　　　　C. 100 88　　　　　　D. 10088

9. Math. Sqrt(9)的结果是(　　　)。

　　A. 9　　　　　　　　B. 3　　　　　　　C. 09　　　　　　　D. 03

10. 把字符串变量 stra 中的字符"f"全部替换成字符"F",正确的语句为(　　　)。

　　A. string. replace('f','F');　　　　　　B. stra. replace('f','F');

　　C. stra. Replace('f','F');　　　　　　D. stra. Replace('F','f');

二、编程题

1. 编写一个程序,输入一个字符,如果是大写字母,就转换成小写字母,否则不转换。

2. 编写一个程序,根据圆的半径和高,求出圆柱的体积。

3. 编写一个 Windows 窗体应用程序,实现以下功能:在一段给定的字符串中,查找出指定字母的位置。比如,在字符串"efghijk"中查找字符"g"的位置是 2。

项目3

C#流程控制

项目情境

由计算机"想"一个 1~100 之间的数请人猜,如果猜对了,则在屏幕上输出猜了多少次才猜对此数,以此来反映猜数者"猜"的水平,然后用户可以选择结束游戏或继续猜下一个数;否则计算机给出提示,告诉人所猜的数是太大还是太小,最多可以猜 10 次,如果猜了 10 次仍未猜中,则停止本次数,然后继续猜下一个数或游戏结束。每次程序可以反复猜多个数,直到操作者想停止时才结束。

学习重点与难点

➢ if 分支选择结构
➢ switch 多分支结构
➢ while()、do…while()、for()循环结构
➢ 多重循环结构
➢ foreach()循环

学习目标

➢ 掌握实现分支结构的两种语句,明确其执行流程
➢ 熟练掌握 if 语句的各种用法,能够灵活运用 if 语句实现分支结构程序设计
➢ 掌握 switch 语句的使用方法,能用 switch 语句完成多分支结构程序设计
➢ 熟练掌握循环结构程序设计
➢ 掌握多重循环结构程序设计
➢ 掌握 Visual C#中的异常处理机制
➢ 学会利用分支、循环结构编程解决实际问题

任务描述

任务 1 判断一个数是不是 3 的倍数
任务 2 简易计算器的设计
任务 3 计算机票优惠率

任务 4　猜数字

任务 5　有规律数列求和

任务 6　数据加密

任务 7　输出图形

任务 8　百钱买百鸡问题的求解

相关知识

知识要点：

➢ if 分支选择结构程序设计

➢ switch 分支选择结构程序设计

➢ while 循环控制语句

➢ do…while 循环控制语句

➢ for 循环控制语句

➢ 循环的嵌套

➢ foreach 循环控制语句

在前面的学习中，各语句是按自上而下的顺序执行的，执行完上一个语句就自动执行下一个语句，是无条件的，不必做任何判断。这是最简单的程序结构。实际上，在很多情况下，需要根据某个条件是否满足来决定是否执行指定的操作任务，或者从给定的两种或多种操作选择其一，在或者需要重复的执行相同的操作。这就是本章学习的内容——流程控制。

知识点 1　if 分支选择结构程序设计

英文单词 if 可以翻译成"如果"，例如，"如果考试不及格，就要补考"，这句话如果用 C♯中的 if 语句去表达，则可以使用以下形式：

```
if(考试不及格)
{
    就要补考;
}
```

很容易理解，()中的内容是条件，只有()中的内容成立，才能执行{}里的内容，这便是 if 语句的最基本的用法。

if 条件语句包含多种形式：单分支、双分支和多分支，其流程图如图 3-1 所示。

1. 单分支结构

```
if(表达式)
 语句;
```

执行过程如下：

先计算表达式的值，如果"表达式"的值为 true，执行其后的"语句"；否则不执行该语句。

图 3-1　if 条件语句

说明：

（1）条件表达式可以是关系表达式或逻辑表达式，也可以是其他类型的表达式（赋值表达式等），甚至可以是一个变量或常量。

（2）语句可以是单个语句，也可以是多个语句。如果是多个语句，则需要使用大括号"{}"把这组语句括起来形成语句块，也称为复合语句。

2．双分支结构

if 语句更常用的形式是双分支语句，一般形式为：

```
if(表达式)
     语句 1;
else
     语句 2;
```

执行过程如下：

如果表达式的值为真，则执语句/语句块 1；若表达的值为假，则执行语句 2。

说明：

（1）if 语句无论写在几行上，都是一个整体，属于同一个语句。else 子句不能作为语句单独使用，它必须是 if 语句的一部分，与 if 配对使用。

（2）else 分支也可省略。

3．多分支结构

前两种形式的 if 语句一般都用于两个分支的情况。当有多个分支选择时，可采用 if…else…if 语句，其一般形式为：

```
if(表达式1)
    语句1;
else if(表达式2)
    语句2;
else if(表达式3)
    语句3;
    …
else if(表达式n)
    语句n;
else
    语句n+1;
```

执行过程如下：

依次判断表达式的值，当出现某个值为真时，执行其对应的语句，然后跳到整个 if 语句之外继续执行程序。如果所有的表达式均为假，则执行语句 n+1，然后继续执行后续程序。

【**案例3-1**】 输入两个数 a 和 b，按代数值由小到大的顺序输出这两个数。运行效果如图 3-2 所示。

分析：

这个问题的算法很简单，只要做一次比较，然后进行一次交换即可。用 if 语句实现条件判断。

关键是怎样实现两个变量的值的互换。不能把两个变量直接互相赋值，如为了将 a 和 b 对换，不能用下面的方法：

图 3-2　程序运行界面

```
a = b;      //把变量b的值赋给变量a,a的值等于b的值
b = a;      //再把变量a的值赋给变量b,变量b的值没有改变
```

为了实现互换，必须借助于第 3 个变量。可以这样考虑：将 A 和 B 两个杯子中的水互换，用两个杯子的水倒来倒去的办法是无法实现的。必须借助于第 3 个杯子 C，先把 A 杯的水倒在 C 杯中，再把 B 杯的水倒在 A 杯中，最后再把 C 杯的水倒在 B 杯中，这就实现了两个杯子中的水互换。凡是程序中涉及交换两个变量的值都可以用此方法。

参考代码如下：

```
class Program
{
    static void Main(string[] args)
    {
        float a, b, t;
        Console.WriteLine("请输入两个数: ");
        a = Convert.ToSingle(Console.ReadLine());
```

```
        b = Convert.ToSingle(Console.ReadLine());
        if (a > b)
        {//将 a 和 b 的值互换
            t = a;
            a = b;
            b = t;
        }
        Console.WriteLine("按由小到大的顺序输出:\n{0}\n{1}",a,b);
    }
}
```

【案例 3-2】　成绩转换。运行效果如图 3-3 所示。

创建一个 Windows 窗体应用程序，采用 if 语句实现由百分制成绩到五级制的转换。评定标准如下：成绩大于等于 90 分为优，成绩在 80~89 分为良，成绩在 70~79 分为中，成绩在 60~69 分为及格，60 分以下为不及格。

该案例需要在窗体上添加 2 个标签控件(label1 和 label2)、2 个文本框控件(textBox1、textBox2)、1 个命令按钮控件(button1)，初始界面如图 3-4 所示。

图 3-3　程序运行界面

图 3-4　程序初始界面

控件属性的设置如表 3-1 所示。

按照表 3-1 中的要求对窗体和控件的属性进行修改，修改后的界面如图 3-5 所示。

图 3-5　修改属性后的窗体界面

表 3-1　对象属性的设置

对　　象	属　　性	属　　性　　值
Form1	Text	成绩转换
label1	Text	百分制成绩
label2	Text	五级制成绩
button1	Text	转换

分析:

由于分数范围超过两个,因此需要使用多分支选择结构实现。

参考代码如下:

```
private void button1_Click(object sender, EventArgs e)
{   double score;
    string grade;
    score = double.Parse(textBox1.Text);
    if (score >= 90)
        grade = "优";
    else if (score >= 80)
        grade = "良";
    else if (score >= 70)
        grade = "中";
    else if (score >= 60)
        grade = "及格";
    else
        grade = "不及格";
    textBox2 .Text = grade;
}
```

说明:

(1) 本例采用 if…else if 结构实现的多分支选择结构,也可以采用多个单分支的 if 语句实现。

(2) 多分支选择结构的另一种控制方法是通过 switch 语句实现。

知识点2　switch 分支选择结构程序设计

if 语句只有两个分支可供选择,而实际问题中常常需要用到多分支的选择。例如,学生成绩的分类(90 分以上为"优秀",80~89 分为"良好",70~79 分为"中等",60~69 分为"及格",60 分以下为"不及格"等)。尽管这些都可以用嵌套的 if 语句来处理,但如果分支较多,则嵌套的 if 语句层数多,程序冗长而且可读性降低。

switch 语句是多分支选择语句。用来实现如图 3-6 所表示的多分支选择结构。

图 3-6　switch 多分支结构

可以看到,switch 语句的作用是根据表达式的值,使流程跳转到不同的语句。switch 语句的一般形式如下:

```
switch(表达式)
{
    case 常量表达式 1: 语句 1; break;
    case 常量表达式 2: 语句 2; break;
    …
    case 常量表达式 n: 语句 n; break;
    default:
    语句 n + 1; break;
}
```

执行过程如下:

先计算表达式的值,并逐个与其后常量表达式的值相比较,当表达式的值与某个常量表达式的值相等时,即执行其后的语句,然后不再进行判断,继续执行后面的 case 语句。如果表达式的值与 case 语句中的常量表达式的值均不相同,则执行 default 后面的语句。

说明:

(1) 表达式所允许的数据类型为整数类型、字符类型、字符串类型或枚举类型。各个 case 分支后的常量表达式的数据类型必须与表达式的类型相同或者能够隐式地转换为控制表达式的类型。

(2) switch 下面的大括号中是一个复合语句。这个复合语句也包括若干条语句,它是 switch 语句的语句体。语句体内包含多个以关键字 case 开头的语句行和最多一个以 default 开头的语句行。case 后面跟一个常量(或常量表达式)。

(3) 各个 case 和 default 的出现次序不影响执行结果。

(4) 每一个 case 常量必须互不相同,否则就会出现互相矛盾的现象(对 switch 表达式的同一数值,有两种或多种执行方案)。

(5) 执行完一个 case 后面的语句后,流程控制转移到下一个 case 继续执行。"case 常量表达式"只起语句标号的作用,并不是在该处进行条件判断。在执行 switch 语句时,根据 switch 后面表达式的值找到匹配的入口标号,从此标号开始执行下去,不再进行判断。因此,应该在执行一个 case 分支后,使流程跳出 switch 结构,即终止 switch 语句的执行。可以用一个 break 语句来达到此目的。

(6) 多个 case 可以共用一组执行语句。

【案例 3-3】 采用 switch 语句实现案例 3-2。运行效果如图 3-7 所示。

分析:

本例需要根据输入数据的不同范围执行不同的操作,由于分数范围超过两个,因此需要使用多分支选择结构实现。switch 语句是将表达式的值与 case 后的常量进行比较判断,因此直接取输入的分数则需要设计很多个 case 分支,程序烦琐,不可取。仔细观察,可找出规律。同一分数段的分数是有共同点的,即每个分数等级

图 3-7　程序运行界面

的十位上的数值是相同的。因此,控制表达式可以采用"分数整除10"。

该程序的界面设计和控件属性设置同案例 3-2。

参考代码如下:

```csharp
private void button1_Click(object sender, EventArgs e)
{
    double score;
    string grade;
    score = double.Parse(textBox1.Text);

    switch ((int)score / 10)
    {
        case 10:
        case 9: grade = "优"; break;
        case 8: grade = "良"; break;
        case 7: grade = "中"; break;
        case 6: grade = "及格"; break;
        default: grade = "不及格"; break;
    }
    textBox2.Text = grade;
}
```

说明:

(1)本例从逻辑结构上较案例 3-2 更加清晰明了,建议多分支选择结构时优先选用 switch 语句。

(2)switch 后面的表达式不能是小数,所以需要(int)score / 10,即将 score 强制转换为整型,注意 score 为 double 类型。

(3)case 10 和 case 9 共用同一条执行语句。

【案例 3-4】 用控制台程序实现简单计算器。运行效果如图 3-8 所示。

图 3-8 程序运行界面

参考代码如下：

```
static void Main(string[ ] args)
{
    float a, b;
    int c;
    Console.WriteLine("简单计算器:\n");
    Console.WriteLine(" ===== 菜单 ===== ");
    Console.WriteLine("1 -------- 加法");
    Console.WriteLine("2 -------- 减法");
    Console.WriteLine("3 -------- 乘法");
    Console.WriteLine("4 -------- 除法");
    Console.WriteLine(" ============== ");
    Console.WriteLine("请输入你的选择:");
    c = int.Parse(Console.ReadLine());
    Console.WriteLine("请输入要运算的数据:\n");
    a = Convert.ToSingle(Console.ReadLine());
    b = Convert.ToSingle(Console.ReadLine());
    Console.Write("运算结果:");
    switch (c)
    {
        case 1:
            Console.WriteLine("{0} + {1} = {2}", a, b, a + b); break;
        case 2:
            Console.WriteLine("{0} - {1} = {2}", a, b, a - b); break;
        case 3:
            Console.WriteLine("{0} * {1} = {2}", a, b, a * b); break;
        case 4:
            if (b == 0)
                Console.WriteLine("错误!被除数不能为零.\n");
            else
                Console.WriteLine("{0}/{1} = {2}", a, b, a / b); break;
        default:
            Console.WriteLine("error!\n");break ;
    }
}
```

前面介绍了顺序结构和选择结构,但是只有这两种结构是不够的,还需要用到循环结构。在日常生活中或是在程序处理的问题中常常遇到需要重复处理的问题。例如:

➤ 要向计算机输入全班 50 个学生的成绩(重复 50 次相同的输入操作)。
➤ 分别统计全班 50 个学生的平均成绩(重复 50 次相同的计算操作)。
➤ 求 100 个整数之和(重复 100 次相同的加法操作)。
➤ 检查 30 个学生的成绩是否及格(重复 30 次相同的判别操作)。

要处理以上问题,最原始的方法是分别编写若干个相同或相似的语句或程序段进行处理。

例如,要求全班 30 个学生的平均成绩,可以先编写一个学生平均成绩的程序段:

```
float score1, score2, score3, score4, score5,aver;
score1 = float.Parse(Console.ReadLine());              //以下输入一个学生的 5 门课成绩
```

```
score2 = float. Parse(Console. ReadLine());
score3 = float. Parse(Console. ReadLine());
score4 = float. Parse(Console. ReadLine());
score5 = float. Parse(Console. ReadLine());
aver = (score1 + score2 + score3 + score4 + score5)/5;        //求该学生的平均成绩
Console. WriteLine("aver = {0}", aver);                        //输出该学生的平均成绩
```

然后再重复写 29 个同样的程序段。这种方法虽然可以实现要求,但是显然是不可取的,因为工作量大,程序冗长、重复,难以阅读和维护。实际上,每一种计算机语言都提供了用来处理重复操作的语句,这就是循环控制。

在 C♯ 中,可以用循环语句来处理上面的问题:

```
float score1, score2, score3, score4, score5, aver;
int i = 1;
while(i < = 30)
{
    score1 = float .Parse (Console. ReadLine());
    score2 = float. Parse(Console. ReadLine());
    score3 = float. Parse(Console. ReadLine());
    score4 = float. Parse(Console. ReadLine());
    score5 = float. Parse(Console. ReadLine());
    aver = (score1 + score2 + score3 + score4 + score5)/5;
    Console. WriteLine("第{0}个人的平均成绩:aver = {1}", i, aver);
    i++;
}
```

可以看到,用一个循环语句就把需要重复 30 次的程序段的问题解决了。

知识点 3 while 循环控制语句

while 循环也称当型循环,一般形式如下:

```
while(表达式)
{
    语句;
}
```

其中表达式是循环条件,"语句"为循环体。循环体只能是一个语句,可以是一个简单的语句,也可以是复合语句(用大括号括起来的若干语句)。

执行过程如下:

计算表达式的值,当值为真时,执行循环体语句,为"假"时,就不执行循环体语句。其流程图如图 3-9 所示。

【案例 3-5】 输出 100 以内的所有奇数和、偶数和。运行效果如图 3-10 所示。

分析:

求 100 以内奇数和即求 $1+3+5+\cdots+99$ 的值,是一个典型的累加操作。相邻两个操作数相差 2,所以循环体内改变循环变量取值的语句为 i=i+2;100 以内偶数的和即求 $2+4+6+\cdots+100$。方法同求奇数的和。奇数和与偶数和的累加可以放在一个循环中实现,即在循环体中通过 if⋯else 语句分别进行处理。

图 3-9 while 语句

图 3-10 程序运行界面

该案例需要在窗体上添加 4 个标签控件(label1、label2、label3 和 label4)、1 个命令按钮控件(button1)，初始界面如图 3-11 所示。

控件属性的设置如表 3-2 所示。

表 3-2 对象属性的设置

对　　象	属　　性	属　性　值
Form1	Text	100 以内奇数和与偶数和
label1	Text	奇数和：
label2	Text	偶数和：
label3	AutoSize	False
label4	AutoSize	False
label3	BorderStyle	Fixed3D
label4	BorderStyle	Fixed3D
button1	Text	计算

按照表 3-2 中的要求对窗体和控件的属性进行修改，修改后的界面如图 3-12 所示。

图 3-11 程序初始界面

图 3-12 修改属性后的窗体界面

参考代码如下：

```
private void button1_Click(object sender, EventArgs e)
```

```
{
    int sum1 = 0, sum2 = 0, i = 1;
    while (i <= 100)
    {
        if (i % 2 != 0)
            sum1 = sum1 + i;
        else
            sum2 = sum2 + i;
        i = i + 1;
    }
    label3.Text = sum1.ToString();
    label4.Text = sum2.ToString();
}
```

知识点 4 do…while 循环控制语句

除了 while 语句以外，C 语言还提供了 do…while 语句来实现循环结构。

do…while 语句的一般形式为：

```
do
语句
while(表达式);
```

其中的"语句"就是循环体。它的执行过程可以用图 3-13 表示。

do…while 语句的执行过程是：先执行循环条件，然后检查条件是否成立，若成立，再执行循环体。这是和 while 语句不同的。

注意：

do…while 语句的特点是：先无条件地执行循环体，然后判断循环条件是否成立。

【案例 3-6】 用 do…while 语句改写案例 3-5。

参考代码如下：

```
private void button1_Click(object sender, EventArgs e)
{
    int sum1 = 0, sum2 = 0, i = 1;
    do
    {
        if (i % 2 != 0)
            sum1 = sum1 + i;
        else
            sum2 = sum2 + i;
        i = i + 1;
    }
    while (i <= 100);
    label3.Text = sum1.ToString();
    label4.Text = sum2.ToString();
}
```

运行结果如图 3-14 所示。

图 3-13　do…while 语句

图 3-14　程序运行界面

程序分析：

从案例 3-5 和案例 3-6 可以看出,对同一个问题可以用 while 语句处理,也可以用 do…while 语句处理。do…while 语句结构和 while 语句结构可以相互转换。

注意：在一般情况下,用 while 语句和用 do…while 语句处理同一问题时,若二者的循环体部分是一样的,那么结果也一样。如案例 3-5 和案例 3-6 中的循环体是相同的,得到的结果也相同。但是如果 while 后面的表达式一开始就为假时,则两种循环的结果是不同的。

while 和 do…while 循环的比较：

（1）用 while 循环。

```csharp
static void Main(string[] args)
{
    int i, sum = 0;
    Console.WriteLine("please enter i,i = ?");
    i = int.Parse(Console.ReadLine());
    while (i <= 10)
    {
        sum = sum + i;
        i++;
    }
    Console.WriteLine("sum = {0}", sum);
}
```

运行结果（两次）如下：

```
please enter i,i=?
1
sum=55
```

```
please enter i,i=?
11
sum=0
```

（2）用 do…while 循环。

```csharp
static void Main(string[] args)
{
```

```
        int i, sum = 0;
        Console.WriteLine("please enter i,i = ?");
        i = int.Parse(Console.ReadLine());
        do
        {
            sum = sum + i;
            i++;
        } while (i <= 10);

        Console.WriteLine("sum = {0}\n", sum);
    }
```

运行结果（两次）如下：

```
please enter i,i=?
1
sum=55
```

再运行一次：

```
please enter i,i=?
11
sum=11
```

可以看到，当输入 i 的值小于或等于 10 时，二者得到结果相同。而当 i>10 时，二者结果就不同了。这是因为此时对 while 循环来说，一次也不执行循环体（表达式"i≤10"的值为假），而对 do…while 循环来说则至少要执行一次循环体。所以可以得出结论：当初始条件为真时，两种循环语句得到的结果是相同的；否则，二者结果不相同（指二者具有相同的循环体的情况）。

知识点 5   for 循环控制语句

除了可以用 while 语句和 do…while 语句实现循环外，还有一种循环语句 for 循环语句。for 循环是一种计数型循环语句，语句更加灵活。不仅可以用于循环次数已经确定的情况，还可以用于循环次数不确定而只给出循环结束条件的情况。它完全可以代替 while 语句。它的一般形式如下：

for(表达式 1; 表达式 2; 表达式 3)
语句

3 个表达式的主要作用是：

表达式 1——设置初始条件，只执行一次。可以为零个、一个或多个变量设置初值。

表达式 2——是循环条件表达式，用来判定是否继续循环。在每次执行循环体前先执行此表达式，决定是否继续执行循环。

表达式 3——作为循环的调整如使循环变量增值，它是在执行完循环体后才进行的。

它的执行过程如图 3-15 所示。

for 语句的执行过程如下：

第 1 步，先求解表达式 1。

图 3-15   for 语句

第 2 步,求解表达式 2,若其值为真,则执行 for 语句中指定的内嵌语句,然后执行下面第 3 步;若其值为假,则结束循环,转到第 5 步。

第 3 步,求解表达式 3。

第 4 步,转回上面第 2 步继续执行。

第 5 步,循环结束,执行 for 语句下面的一个语句。

for 语句最简单的应用形式也是最容易理解的形式如下:

for(循环变量赋初值; 循环条件; 循环变量增量)
语句

循环变量赋初值总是一个赋值语句,它用来给循环控制变量赋初值;循环条件是一个关系表达式,决定什么时候退出循环;循环变量增量定义循环控制变量每循环一次后按什么方式变化。

例如,求 1～100 的和。

```
for(i = 1;i <= 100;i++)
  sum = sum + i;
```

它相当于语句:

```
i = 1;
while(i <= 100)
{
  sum = sum + i;
  i++;
}
```

说明:

(1) for 语句的一般形式:

for(表达式 1; 表达式 2; 表达式 3)　语句

可改写为 while 循环的形式:

```
表达式 1;
While(表达式 2)
{
  语句
  表达式 3
}
```

二者无条件等价。

(2) for 循环中的"表达式 1(循环变量赋初值)""表达式 2(循环条件)"和"表达式 3(循环变量增量)"都是选择项,可以省略,但";"不能省略。

(3) 省略了"表达式 1(循环变量赋初值)",表示不对循环控制变量赋初值。例如:

```
for(;i <= 100;i++) sum = sum + i;
```

应当注意:由于省略了"表达式 1",没有对循环变量赋初值,因此,为了能正常执行循环,应在 for 语句之前给循环变量赋以初值。即

```
i = 1;
for(;i<=100;i++) sum = sum + i;
```

（4）省略了"表达式2（循环条件）"，则不做其他处理便成为死循环。

例如：

```
for(i = 1;;i++) sum = sum + i;
```

相当于：

```
i = 1;
while(1)
{sum = sum + i;
i++};
```

（5）表达式3也可以省略，可在放在循环体语句中以保证循环能正常结束。

```
for(i = 1;i<=100;)
{
    sum = sum + i;
    i++;
}
```

上面的 for 语句省略了表达式3，但将 i++ 放在了循环体中，效果是一样的，都能使程序正常结束。如果在循环体中无"i++;"语句，则循环体无止境地执行下去，形成死循环。

【案例3-7】 输入一个数，判断它是不是素数。运行结果如图 3-16 所示。

本案例需添加 2 个标签控件（label1 和 label2）、1 个文本框控件（textBox）、1 个命令按钮控件（button1），初始界面如图 3-17 所示。

图 3-16   程序设计界面

图 3-17   程序初始界面

控件属性的设置如表 3-3 所示。

表 3-3   对象属性的设置

对　象	属　性	属　性　值	对　象	属　性	属　性　值
Form1	Text	判素数	label2	BorderStyle	Fixed3D
label1	Text	请输入一个数：	button1	Text	判断
label2	AutoSize	False			

按照表 3-3 中的要求对窗体和控件的属性进行修改，修改后的界面如图 3-18 所示。

分析：

什么样的数是素数？如果一个数除了 1 和它本身之外不能被任何数整除，这个数就是素数。所以对于输入的这个数 n，要分别用这个数除以 $2 \sim n-1$，共需执行 $n-2$ 次。

参考代码如下：

图 3-18　修改属性后的窗体界面

```
private void button1_Click(object sender, EventArgs e)
{
    int n, i;
    bool flag = true;
    n = int.Parse(textBox1.Text);
    for (i = 2; i <= n - 1; i++)
        if (n % i == 0)
        {
            flag = false;
            break;
        }
    if (flag == true)
        label2.Text = Convert.ToString(n) + "是素数";
    else
        label2.Text = Convert.ToString(n) + "不是素数";
}
```

知识点 6　循环的嵌套

一个循环体内又包含另一个完整的循环结构，称为循环的嵌套。内嵌的循环中还可以嵌套循环，这就是多层循环。

3 种循环（while 循环、do…while 循环和 for 循环）可以互相嵌套。

【案例 3-8】 设计一个 Windows 窗体应用程序，利用 for 语句设计循环结构程序，输出九九乘法表。运行结果如图 3-19 所示。

图 3-19　程序运行界面

本案例需添加 1 个标签控件(label1)、1 个命令按钮控件(button1),初始界面如图 3-20 所示。

图 3-20　程序初始界面

控件属性的设置如表 3-4 所示。

表 3-4　对象属性的设置

对　　象	属　　性	属　性　值
Form1	Text	乘法表
label1	Text	—
label1	AutoSize	False
label1	BorderStyle	Fixed3D
button1	Text	输出

分析:

九九乘法表一共要输出 9 行 9 列,每一行中输出的列数与行号是有关系的,第 1 行输出一个,第 2 行输出两个,因此需要通过两重的 for 循环嵌套实现,内层循环用于处理每一行,即输出一行中的所有列,外层循环控制行数。

参考代码如下:

```
private void button1_Click(object sender, EventArgs e)
{
    int i, j;
    for (i = 1; i <= 9; i++)
    {
        for (j = 1; j <= i; j++)
        {
            label1.Text += i.ToString() + " * " + j.ToString() + " = " + (i * j).ToString() + " ";
        }
        label1.Text += "\n";
    }
}
```

【案例 3-9】 输出完数。运行结果如图 3-21 所示。

本案例需添加 2 个标签控件(label1 和 label2)、2 个文本框(textBox1 和 textBox2)、2 个命令按钮控件(button1 和 button2),初始界面如图 3-22 所示。

图 3-21　程序运行界面

图 3-22　程序初始界面

控件属性的设置如表 3-5 所示。

表 3-5　对象属性的设置

对　　象	属　　性	属　性　值
Form1	Text	完数
label1	Text	指定范围：1 至
label2	Text	完数：
button1	Text	计算
button2	Text	退出

按照表 3-5 中的要求对窗体和控件的属性进行修改，修改后的界面如图 3-23 所示。

分析：

完数：一个数如果恰好等于它的因子之和，这个数称为"完数"，例如，6 的因子为 1、2、3，因为 6＝1＋2＋3。

参考代码如下：

图 3-23　修改属性后的窗体界面

```
private void button1_Click(object sender, EventArgs e)
{
    string strR = "";
    string strT = textBox1.Text.Trim();
      int m = Convert.ToInt32(strT);

    for (int n = 1; n <= m; n++)
    {
        int sum = 0;
        for (int i = 1; i < n; i++)
        {
            if (n % i == 0)
            {
                sum += i;
            }
        }
```

```
        if (n == sum)
        {
            if (strR == "")
            {
                strR = n.ToString();
            }
            else
            {
                strR = strR + "," + n.ToString();
            }
        }
    }
    textBox2.Text = strR;
}

private void button2_Click(object sender, EventArgs e)
{
    Application.Exit();
}
```

知识点 7　foreach 循环语句

foreach 是在 C♯ 中新引入的循环,除了使用 for、while 和 do…while 语句外,还可使用 foreach 循环语句来依次遍历数组或集合中的每一个元素。

所谓遍历,就是从头到尾走一趟。遍历数组,即从头到尾逐个读出数组的每个元素。其语法格式如下:

```
foreach(<类型名称> <元素变量> in <数组或集合对象>)
{
    <循环语句块>
}
```

说明:

(1)"元素变量"是一个循环变量,在循环中,该变量依次获取数组或集合中各元素的值。

(2)"类型名称"是循环变量的类型,必须与数组或集合的类型一致,例如,如果要遍历一个字符串数组中的每一项,那么此处变量的类型就应该是 string 类型。

(3)在 foreach 循环体的语句序列中,数组或集合的元素是只读的,其值不能改变。如果需要迭代数组或集合中的各元素并改变其值,应该使用 for 循环。

【**案例 3-10**】　利用 foreach 循环统计用户输入的字符串中的字母个数和数字个数。运行结果如图 3-24 所示。

本案例需添加 5 个标签控件(label1、label2、label3、label4 和 label5)、1 个文本框(textBox1)、1 个命令按钮控件(button1),初始界面如图 3-25 所示。

图 3-24　程序运行界面

图 3-25　程序设计界面

控件属性的设置如表 3-6 所示。

表 3-6　对象属性的设置

对　　象	属　　性	属　性　值
Form1	Text	字符统计
label1	Text	请输入字符串
label2	Text	字母个数为：
label3	Text	数字个数为：
label4	Text	—
label5	Text	—
textBox1	Multiline	True
button1	Text	统计

按照表 3-6 中的要求对窗体和控件的属性进行修改，修改后的界面如图 3-26 所示。

分析：

依次遍历字符串中的每一个字符，判断字符是字母还是数字。

参考代码如下：

图 3-26　修改属性后的窗体界面

```
private void button1_Click(object sender, EventArgs e)
{
    int countletters = 0;
    int countdigits = 0;
    string input;
    input = textBox1.Text;
    foreach (char chr in input)
    {
        if (char.IsLetter(chr))
            countletters++;
        if (char.IsDigit(chr))
            countdigits++;
    }
```

```
        label4.Text = Convert.ToString(countletters);
        label5.Text = Convert.ToString(countdigits);
    }
```

任务 1　判断一个数是不是 3 的倍数

■ 任务分析

编写 Windows 窗体应用程序,任意输入一个整数 x,判断其是否是 3 的倍数,如果是,则输出"x 是 3 的倍数";否则输出"x 不是 3 的倍数"。很显然这个可以使用 if 的双分支结构实现。

◆ 任务实施

【步骤 1】　启动 Visual Studio 2010,打开"新建项目"窗口。在左侧选择 Visual C#,在右侧选择"窗体应用程序",并在下方的"名称"中输入 renwu1,位置中选择"F:\C#工作目录\","解决方案名称"中也输入 renwu1,单击"确定"按钮,进入窗体设计界面。

【步骤 2】　给窗体添加 2 个标签控件(label1、label2)、1 个文本框控件(textBox1)、1 个命令按钮控件(button1),适当调整控件的大小及布局,如图 3-27 所示。

【步骤 3】　按照表 3-7 中的要求对窗体和控件的属性进行修改,修改后的界面如图 3-28 所示。

表 3-7　对象属性的设置

对　　象	属　　性	属　性　值
Form1	Text	判断是否为 3 的倍数
label1	Text	请输入一个整数
label2	AutoSize	False
label2	BorderStyle	Fixed3D
button1	Text	判断

图 3-27　程序初始界面

图 3-28　修改属性后的窗体界面

【步骤4】 双击"判断"按钮,进入代码编写界面,添加"判断"按钮的 Click 事件代码如下:

```
private void button1_Click(object sender, EventArgs e)
{
    int x;
    x = int.Parse(textBox1.Text);
    if (x % 3 == 0)
    label2.Text = textBox1.Text + "是 3 的倍数";
    else
    label2.Text = textBox1.Text + "不是 3 的倍数";
}
```

【步骤5】 执行程序,运行结果如图 3-29 所示。

图 3-29 程序运行界面

任务2 简易计算器的设计

设计一个 Windows 窗体应用程序,输入两个操作数,并根据所选择的运算符,在单击"计算"按钮后进行相应的运算,单击"退出"按钮结束程序的运行。

▌ 任务分析

供选择的运算符有 5 个,可以利用并列的 if 的单分支结构实现,也可以用 switch 多分支语句实现。

◆ 任务实施

【步骤1】 启动 Visual Studio 2010,打开"新建项目"窗口。在左侧选择 Visual C#,在右侧选择"窗体应用程序",并在下方的"名称"中输入 renwu2,"位置"中选择"F:\C♯工作目录\","解决方案名称"中也输入 renwu2,单击"确定"按钮,进入窗体设计界面。

【步骤2】 给窗体添加 3 个标签控件(label1、label2 和 label3)、3 个文本框控件(textBox1、textBox2 和 textBox3)、2 个命令按钮控件(button1 和 button2)、1 个 groupBox1

控件和 5 个单选按钮控件(radioButton1、radioButton2、radioButton3、radioButton4 和 radioButton5),适当调整控件的大小及布局,如图 3-30 所示。

【步骤3】 按照表 3-8 中的要求对窗体和控件的属性进行修改,修改后的界面如图 3-31 所示。

表 3-8　对象属性的设置

对　象	属　性	属 性 值
Form2	Text	简易计算器
label1	Text	操作数 1
label2	Text	操作数 2
label3	Text	结果
groupBox1	Text	运算符
radioButton1	Text	＋
radioButton2	Text	－
radioButton3	Text	*
radioButton4	Text	/
radioButton5	Text	％
button1	Text	计算
button2	Text	退出

图 3-30　程序设计界面

图 3-31　修改窗性后窗体界面

【步骤4】 双击"计算"按钮,进入代码编写界面,添加"计算"按钮的 Click 事件代码如下:

```
private void button1_Click(object sender, EventArgs e)
{
    double x = double.Parse(textBox1.Text);
    double y = double.Parse(textBox2.Text);
    if (radioButton1.Checked) label4.Text = Convert.ToString(x + y);
    if (radioButton2.Checked) label4.Text = Convert.ToString(x - y);
    if (radioButton3.Checked) label4.Text = Convert.ToString(x * y);
    if (radioButton4.Checked) label4.Text = Convert.ToString(x / y);
```

```
    if (radioButton5.Checked) label4.Text = Convert.ToString(x % y);
}
```

【步骤5】 双击"退出"按钮,进入代码编写界面,添加"退出"按钮的 Click 事件代码如下:

```
private void button2_Click(object sender, EventArgs e)
{

    Application.Exit();

}
```

【步骤6】 执行程序,输入操作数 1 和操作数 2,单击"计算"按钮,运行结果如图 3-32 所示。

图 3-32 程序运行界面

任务3 计算机票优惠率

航空公司规定:根据月份和订票张数来决定机票的优惠率,旅游旺季(7~9 月),如果订票数超过 20 张,票价优惠 15%,20 张以下优惠 5%;在旅游淡季(1~5 月、10 月、11 月),如果订票数超过 20 张,票价优惠 30%,20 张以下优惠 20%;其他情况一律优惠 10%,设计一个 Windows 窗体应用程序,依据上述规则,输入订票月份和订票张数,输出优惠率。

■ 任务分析

由于一年中一共有 12 个月,因此可以考虑采用 12 个 case 分支的 switch 语句作为主流程控制结构。对于同一个月份而言,不同的订票数量对应的优惠率是不同的,因此需要采用双分支的 if…else 结构进行处理。综合分析,程序可采用 switch 语句中嵌套 if…else 语句实现。

◆ 任务实施

【步骤 1】 启动 Visual Studio 2010，打开"新建项目"窗口。在左侧选择 Visual C♯，在右侧选择"窗体应用程序"，并在下方的"名称"中输入 renwu3，"位置"中选择"F：\C♯工作目录\"，"解决方案名称"中也输入 renwu3，单击"确定"按钮，进入窗体设计界面。

【步骤 2】 给窗体添加 2 个分组框控件（groupBox1 与 groupBox2）、5 个标签控件（label1～label5）、2 个文本框控件（textBox1 和 textBox2）、1 个命令按钮控件（button1），适当调整控件的大小及布局，如图 3-33 所示。

【步骤 3】 按照表 3-9 中的要求对窗体和控件的属性进行修改，修改后的界面如图 3-34 所示。

表 3-9 对象属性的设置

对　象	属　性	属　性　值
Form1	Text	优惠机票
label1	Text	月份
label2	Text	订票数
label3	Text	月
label4	Text	张
label5	Text	—
groupBox1	Text	输入月份与订票数
groupBox2	Text	显示优惠率
button1	Text	计算优惠率

图 3-33 程序设计界面

图 3-34 修改属性后窗体界面

【步骤 4】 双击"计算优惠率"按钮，进入代码编写界面，添加"计算优惠率"按钮的 Click 事件代码如下：

```
private void button1_Click(object sender, EventArgs e)
{   int month, count;
    month = int.Parse(textBox1.Text);
    count = int.Parse(textBox2.Text);
```

```
switch (month)
{   case 1:
    case 2:
    case 3:
    case 4:
    case 5:
    case 10:
    case 11:
        if (count > = 20)
            label5.Text = "优惠率为 30％";
        else
            label5.Text = "优惠率为 20％";
            break;
    case 7:
    case 8:
    case 9:
        if(count > = 20)
            label5 .Text = "优惠率为 15％";
        else
            label5 .Text = "优惠率为 5％";
            break;
    default :
        label5 .Text = "优惠率为 10％";break;
}
}
```

【步骤5】 执行程序,输入月份及订票数量,单击"计算优惠率"按钮,运行结果如图 3-35 所示。

图 3-35 程序运行界面

任务4 猜数字

先由计算机"想"一个 1～100 之间的数请人猜,如果猜对了,则结束游戏,并在屏幕上输出猜了多少次才猜对此数,以此来反映猜数者"猜"的水平;否则计算机给出提示,告诉人们所猜的数是太大还是太小,直到猜对为止。

■ 任务分析

借用分支程序设计实现的第一步:

```
Console.WriteLine("请输入一个 0～100 之间的数: ");
y = int.Parse(Console.ReadLine());
if (x == y)
    printf("恭喜,猜对了");
else if (x > y) Console.WriteLine("你猜的太小了!");
else Console.WriteLine("你猜的太大了!");
```

用户输入数据进行数据比较的部分重复执行直到猜对为止。

◆ 任务实施

【步骤 1】　启动 Visual Studio 2010,打开"新建项目"窗口。在左侧选择 Visual C♯,在右侧选择"控制台应用程序",并在下方的"名称"中输入 renwu4,"位置"中选择"F:\C♯工作目录\","解决方案名称"中也输入 renwu4,单击"确定"按钮,进入代码编辑界面。

【步骤 2】　在 Main 方法中输入如下的语句:

```
static void Main(string[ ] args)
{
    Console.WriteLine("请输入一个 0～100 之间的数");
    Random rm = new Random( );
    int x, y, count = 0;
    x = rm.Next(0, 100);
    while (true)
    {
        y = int.Parse(Console.ReadLine());
        count++;
        if(x == y) break;
        else
        if (y > x) Console.WriteLine("你猜大了");
        else Console.WriteLine("你猜小了");
    }
    Console.WriteLine("恭喜你,猜对了!你是第{0}次猜对此数",count);

}
```

【步骤 3】　按 F5 键或单击工具栏上的"启动调试"按钮,程序开始运行,结果如图 3-36 所示。

图 3-36 程序运行界面

任务5 有规律数列求和

有一个分数序列：2/1,3/2,5/3,8/5,13/8,21/13,找出数列的规律并求出前 30 项的和。

■ 任务分析

观察分数序列,从第二项开始,分母为前一项的分子,而分子为前一项的分子和分母的和。数列共 30 项,所以需要重复 29 次执行相同的操作。

◆ 任务实施

【步骤1】 启动 Visual Studio 2010,打开"新建项目"窗口。在左侧选择 Visual C♯,在右侧选择"控制台应用程序",并在下方的"名称"中输入 renwu5,"位置"中选择"F:\C♯工作目录\","解决方案名称"中也输入 renwu5,单击"确定"按钮,进入代码编辑界面。

【步骤2】 在 Main 方法中输入如下的语句：

```
static void Main(string[] args)
{

    int i = 1, j = 2;
    int k = 1,fz;
    double tn;
    double sum = 0;
    do
    {
        tn = j/(i * 1.0);
        fz = j;
        j = j + i;
        i = fz;
        sum = sum + tn;
        k++;
    } while (k <= 30);
```

```
Console.WriteLine ("多项式前 30 项的和:\n2/1 + 3/2 + 5/3 + ⋯⋯ = {0}\n\n",sum);
}
```

【步骤 3】　按 F5 键或单击工具栏上的"启动调试"按钮,程序开始运行,结果如图 3-37 所示。

图 3-37　程序运行界面

任务 6　数据加密

　　某公司为了防止数据信息泄露,想采取数据加密,数据是小于 8 位的整数。加密规则如下:将每位数字都加上 5,再用和除以 10 的余数代替该数字,最后将第一位和最后一位数字交换,如输入 1234,则应输出 9786,请帮助他们实现加密。

■ 任务分析

　　(1) 将每位数字都加上 5,再用其和除以 10 的余数代替该数字,即可用语句"s＝(s＋5)％10;"来实现。

　　(2) 将第一位和最后一位数字交换,分别用 first 和 last 两个变量记录首末两位的数字。

◆ 任务实施

　　【步骤 1】　启动 Visual Studio 2010,打开"新建项目"窗口。在左侧选择 Visual C#,在右侧选择"窗体应用程序",并在下方的"名称"中输入 renwu6,"位置"中选择"F:\C#工作目录\","解决方案名称"中也输入 renwu6,单击"确定"按钮,进入窗体设计界面。

　　【步骤 2】　给窗体添加 2 个标签控件(label1 和 label2)、1 个命令按钮控件(button1)、2 个文本框控件(textBox1 和 textBox2),适当调整控件的大小及布局,如图 3-38 所示。

　　【步骤 3】　按照表 3-10 中的要求对窗体和控件的属性进行修改,修改后的界面如图 3-39 所示。

表 3-10　对象属性的设置

对　　象	属　　性	属　性　值
Form1	Text	数据加密
label1	Text	加密前:
label2	Text	加密后:
button1	Text	加密

图 3-38　程序设计界面　　　　　　　图 3-39　修改属性后窗体界面

【步骤4】　双击"加密"按钮,进入代码编写界面,添加"加密"按钮的 Click 事件代码如下:

```
private void button1_Click(object sender, EventArgs e)
{
    int jmq, jmh, len = 0, t, t1, r = 0, first = 0, last = 0;
    jmq = Convert.ToInt32(textBox1.Text);
    t = jmq;
    while (t > 0)
    {
        t = t/10;
        len++;
    }
    t = jmq;
    for(int i = 1; i < = len; i++)
    {
        t1 = (t + 5) % 10;
        if(i == 1) first = t1;
        if(i == len) last = t1;
        if (i != 1 && i != len)
            r = r + Convert.ToInt32(t1 * System.Math.Pow(10, i - 1));
            t = t/10;
    }
    jmh = first * (int)System.Math.Pow(10, len - 1) + r + last;
    textBox2.Text = jmh.ToString();

}
```

【步骤5】　执行程序,在加密前文本框中输入字符,然后单击"加密"按钮,运行结果如图 3-40 所示。

图 3-40　程序运行界面

任务7　输出图形

设计一个 Windows 窗体应用程序,根据用户的要求,输出三角形和平行四边形图案。

■ 任务分析

输出的图形由行和列构成,所以要用双重循环。

◆ 任务实施

【步骤 1】　启动 Visual Studio 2010,打开“新建项目”窗口。在左侧选择 Visual C♯,在右侧选择“窗体应用程序”,并在下方的“名称”中输入 renwu7,“位置”中选择“F:\C♯工作目录\”,“解决方案名称”中也输入 renwu7,单击“确定”按钮,进入窗体设计界面。

【步骤 2】　给窗体添加 1 个标签控件(label1)、2 个命令按钮控件(button1 和button2),适当调整控件的大小及布局,如图 3-41 所示。

【步骤 3】　按照表 3-11 中的要求对窗体和控件的属性进行修改,修改后的界面如图 3-42所示。

表 3-11　对象属性的设置

对　象	属　性	属　性　值
Form1	Text	输出图形
label1	AutoSize	False
label1	BorderStyle	Fixed3D
button1	Text	三角形
button2	Text	平行四边形

图 3-41　程序初始界面

　　图 3-42　修改属性后窗体界面

【步骤 4】　双击"三角形"按钮,进入代码编写界面,添加"三角形"按钮的 Click 事件代码如下:

```
private void button1_Click(object sender, EventArgs e)
{
    int i, j, k;
    label1.Text = "三角形:\n\n\n";
    for (i = 1; i <= 9; i++)
      {
        for (j = 1; j <= 20 - i; j++)
            label1.Text += " ";
        for (k = 1; k <= 2 * i - 1; k++)
            label1.Text += " * ";
        label1.Text += "\n";
      }
}
```

【步骤 5】　双击"平行四边形"按钮,进入代码编写界面,添加"平行四边形"按钮的 Click 事件代码如下:

```
private void button2_Click(object sender, EventArgs e)
{
    int i, j, k;
    label1.Text = "平行四边形:\n\n\n";
    for (i = 1; i <= 9; i++)
    {
        for (j = 1; j <= 15 - i; j++)
            label1.Text += " ";
        for (k = 1; k <= 17; k++)
            label1.Text += " * ";
        label1.Text += "\n";
    }
}
```

【步骤 6】　执行程序,分别单击"三角形"按钮和"平行四边形"按钮,运行结果如图 3-43 和图 3-44 所示。

图 3-43　程序运行界面(一)

图 3-44　程序运行界面(二)

任务 8　百钱买百鸡问题的求解

■ 任务分析

每只公鸡值 5 元,每只母鸡值 3 元,3 只小鸡值 1 元,用 100 元买 100 只鸡,问公鸡、母鸡和小鸡各买几只?

用三重 for 循环实现。

◆ 任务实施

【步骤 1】　启动 Visual Studio 2010,打开"新建项目"窗口。在左侧选择 Visual C♯,在右侧选择"窗体应用程序",并在下方的"名称"中输入 renwu8,"位置"中选择"F:\C♯工作目录\","解决方案名称"中也输入 renwu8,单击"确定"按钮,进入窗体设计界面。

【步骤 2】　给窗体添加 1 个标签控件(label1)、1 个命令按钮控件(button1),适当调整控件的大小及布局,如图 3-45 所示。

【步骤 3】　按照表 3-12 中的要求对窗体和控件的属性进行修改,修改后的界面如图 3-46 所示。

表 3-12　对象属性的设置

对　　象	属　　性	属 性 值
Form1	Text	百元百鸡
label1	AutoSize	False
label1	Text	
label1	BorderStyle	Fixed3D
button1	Text	计算

图 3-45　程序初始界面

图 3-46　修改属性后窗体界面

【步骤 4】　双击"计算"按钮,进入代码编写界面,添加"计算"按钮的 Click 事件代码如下:

```
private void button1_Click(object sender, EventArgs e)
{ int i,j,k;

    for (i = 0; i <= 33; i++)
    {
        for (j = 0; j <= 20; j++)

            for (k = 0; k <= 100; k++)
                if (i + j + k == 100 && i * 3 + j * 5 + k/3 == 100 && k % 3 == 0)
                    label1.Text += "母鸡" + i.ToString() + "只," + "公鸡" + j.ToString()
                    + "只," + "小鸡" + k.ToString() + "只\n\n";
    }
}
```

【步骤 5】　执行程序,单击"计算"按钮,运行结果如图 3-47 所示。

图 3-47　程序运行界面

拓展知识：

一、跳转语句

跳转语句主要用于无条件地转移控制，它会将控制转到某个位置，这个位置就成为跳转语句的目标。如果跳转语句出现在一个语句块内，而跳转语句的目标却在该语句之外，则称该跳转语句退出该语句块。C#提供的跳转语句主要包括 break 语句、continue 语句、goto语句和 return 语句。

1. break 语句

break 语句可用于退出整个循环，执行循环后面的代码。它可以与任意 C#循环一起使用。有时候特意将某些循环做成死循环，其内部带有 break 语句，用来终止循环，如服务器响应程序。

使用 break 时，需要注意以下两种情况：

（1）当多个 switch、while、do…while、for 或 foreach 语句彼此嵌套时，break 语句只能跳出它所属的那层循环。若要穿越多个嵌套层转移控制，必须使用 goto 语句。

（2）break 语句不能用于循环语句和 switch 语句之外的任何其他语句中，否则将产生编译错误。

2. continue 语句

continue 语句可用于跳过本次循环，并返回到循环的起始处，若循环条件满足就会进入下次循环。

该语句类似于 break，也必须在 while、do…while、for 或 foreach 循环中使用。但是它只是跳出了本次循环，而 break 语句则是结束循环，跳转到循环后面的语句去执行。

【案例 3-11】 新建一个控制台应用程序，输出 100～200 之间不能被 9 整除的数。

```
static void Main(string[] args)
{
    int n;
    for (n = 100; n <= 200; n++)
    {
        if (n % 9 == 0)
            continue;
        Console.Write("{0}\t", n);
    }
}
```

3. goto 语句

goto 语句是 C#的无条件跳转语句。当遇到 goto 语句时，程序跳转到 goto 指定的位置。

goto 语句形式如下：

```
goto identifier;
goto case 常量表达式;
goto default;
```

使用 goto 语句时,应注意以下几种情况:

（1）goto identifier 语句跳转到由 identifier 标签标记的语句。identifier 是一个标识符（标号）,标号由字母、数字和下画线构成,且首字母必须是字母或下画线,任何转移到的标号后面应带一个冒号。

（2）goto 语句的后两种形式用于将控制传递给特定的 switch…case 标签或 switch 语句中的默认标签。

（3）goto 语句可用于跳出深层嵌套循环,即如果一次要跳出两层或更多层的循环,应使用 goto 语句。

（4）goto 语句不能直接跳转进入循环体。

以下程序体现了 goto 语句的用法:

```
int x = 1;
loop1;
x++;
if(x < 100) goto loop1;
```

虽然 goto 语句有一定的使用价值,但是由于它可能会破坏程序的结构化,目前对它的使用存在争议。有人建议避免使用它,有人建议把它用作排除错误的基本工具。各种观点截然不同,虽然许多人不用 goto 语句也能够编程,但是仍然有人使用它。读者在使用 goto 语句时一定要小心,要确保程序是可维护的。

4. return 语句

return 语句将控制权返回给方法的调用者,它也可以用来返回值。如果 return 语句放在循环体内,当满足条件时执行 return 语句,循环自动结束。

【案例 3-12】

```
class JumpTest
{
    static int Add()
    {
        int i = 0;
        int sum = 0;
        while (true)
        {
            i++;
            if (i >= 101) break;
            if (i % 2 != 0) continue;
            else sum += i;
        }
        return sum;
    }
}
```

二、异常处理语句 try…catch…finally

再优秀的程序员也无法保证所编写的程序是完美无缺、毫无错误的。异常处理是指对程序可能出现错误的处理机制和方法。C#语言的异常处理功能通过使用 try 语句来定义代码块,实现尝试可能未成功的操作、处理失败以及在事后清理资源等。

try 语句提供一种机制,用于捕捉在块执行期间发生的各种异常。此外,try 语句可以指定一个代码块,并保证当控制离开 try 语句时总是先执行该代码。

C♯的异常处理语句 try…catch…finally 语法如下:

```
try
{
    <try 语句块>
}
catch
{
    <catch 语句块>
}
finally
{
    <finally 语句>
}
```

执行过程如下:

(1) 如果< try 语句块>中的每一条语句均正常执行,则跳转到(3);如果< try 语句块>中某条语句出现异常,则跳转到(2)。

(2) 执行与发生此错误匹配的< catch 语句块>,然后跳转到(3)。

(3) 执行< finally 语句块>。

说明:

(1) < try 语句块>后面可以跟一个或多个 catch 语句块。

(2) < finally 语句块>不管是否出现异常,都需要执行。但是如果不需要,可以省略。

【案例 3-13】 建立控制台应用程序项目,编写整数除零代码。

```
static void Main(string[ ] args)
{
    int x, y, z;
    x = 2;
    y = 0;
    z = x/y;
    Console.WriteLine("整数除以 0,得: {0}", z);
}
```

以上代码没有语法错误,按 Ctrl＋F5 键开始执行。由于 0 作为除数没有意义,而代码中又没有处理异常,故运行后出现如图 3-48 所示的未处理异常运行结果及如图 3-49 所示的停止工作对话框。在对话框中单击"关闭程序"按钮可退出程序运行。

图 3-48　未处理异常运行结果

图 3-49　停止工作对话框

如果在停止工作对话框中单击"调试"按钮,则启动调试运行,将出现如图 3-50 所示的未处理异常对话框,选择"疑难解答提示:"列表框中的选项可得到相关异常的帮助说明。

```
using System.Linq;
using System.Text;

namespace 例3
{
    class Program
    {
        static void Main(stri
        {
            int x, y, z;
            x = 2;
            y = 0;
            z = x / y;
            Console.WriteLine
        }
    }
}
```

未处理 DivideByZeroException

尝试除以零。

疑难解答提示:

在执行除法运算之前,应确保分母的值不为零。

获取此异常的常规帮助。

搜索更多联机帮助...

操作:

查看详细信息...

将异常详细信息复制到剪贴板

图 3-50　启动调试运行时的未处理异常对话框

【案例 3-14】　改进案例 3-13,在代码中加入异常处理代码块 try…catch。

```
static void Main(string[] args)
{
    try
    {
        int x, y, z;
        x = 2;
        y = 0;
        z = x/y;
        Console.WriteLine("整数除以 0,得: {0}", z);
```

```
    }
    catch (Exception ex)
    {
        Console.WriteLine("异常: " + ex.Message);
    }
}
```

此例中 catch 语句后面小括号中定义了一个 Exception 对象 ex,用来接收此异常处理。
ex.Message 属性是 string 类型,用来描述异常信息,它是只读属性。执行结果如图 3-51
所示。

图 3-51 带异常处理整数除零运行结果

【案例 3-15】 建立控制台应用程序项目,编写整数除法运算代码,使之形成 try…catch…
finally 结构,无论是否存在异常都能正确地执行其中的语句。

```
static void Main(string[ ] args)
{
    try
    {
        int x, y, z;
        Console.Write("请输入整数的被除数:");
        x = int.Parse(Console.ReadLine());
        Console.Write("请输入整数的除数:");
        y = int.Parse(Console.ReadLine());
        z = x/y;
        Console.WriteLine("整除结果:" + z);
    }
    catch (FormatException fex)
    {
        Console.WriteLine("格式异常: " + fex.Message);
    }
    catch (DivideByZeroException dex)
    {
        Console.WriteLine("除数为零异常: " + dex.Message);
    }
    finally
    {
        Console.WriteLine(" ----- 程序结束");
    }
}
```

执行程序,每次输入不同的操作数。两次运行的结果如图 3-52 和图 3-53 所示。从中可见,每次运行,不管是否发生异常,都执行了 finally 子块的语句。

图 3-52 运行结果 1　　　　　　　　图 3-53 运行结果 2

项目小结

　　结构化程序设计主要有 3 种基本结构:顺序结构、选择结构和循环结构。顺序结构最简单就是按照语句出现的先后次序执行。选择结构也叫分支结构,分为单分支选择结构、双分支选择结构和多分支选择结构。C#中实现分支结构的语句有两个:if 语句和 switch 语句。在循环结构中,只要满足循环执行的条件,就重复执行循环体内的语句。C#提供了 4 种不同的循环机制:for、while、do…while 和 foreach。

　　跳转语句可实现程序的无条件转移。C#的跳转语句包括 break、continue、goto 和 return 语句。

　　C#通过使用 try…catch…finally 语句来处理系统级和应用程序级的错误,实现尝试可能未成功的操作、处理失败以及在事后清理资源等。

拓展实训

一、实训的目的和要求

(1)熟练掌握分支结构程序设计的基本方法。

(2)掌握 if…else 语句和 switch 语句的语法格式和使用技巧。

(3)熟练掌握循环结构程序设计的方法。

(4)掌握 while 语句、do…while 语句和 for 语句的语法格式和使用技巧。

(5)综合运用选择结构和循环结构解决问题。

二、实训内容

(1)判断是否为闰年:创建 Windows 窗体应用程序,程序运行时,在"年份"文本框中输入一个正整数,单击"判断"按钮,就能在标签控件中显示判断结果;单击"退出"按钮则结束程序运行。

(2)创建控制台应用程序,求解猴子吃桃问题:猴子第一天摘下桃子若干,当即吃了一半后又多吃了一个;第二天又将剩下的桃子吃掉一半后再多吃一个;以后每天都吃掉前一天剩下的一半零一个。到第 10 天想再吃时,只剩下一个桃子。求猴子第一天共摘下多少个桃子。

（3）所谓"水仙花数",指的就是这样一个 3 位数:其各位数的立方和等于该数。例如:$153 = 1^3 + 5^3 + 3^3$。编写控制台应用程序,计算输出所有的水仙花数。

（4）创建一个控制台应用程序,输入月份,输出对应的季节。

（5）编写程序,求解以下问题:

① 在窗体上输出 $100 \sim 500$ 之间的所有奇数,并计算它们的和。

② 统计 $1 \sim 1000$ 之内既能被 5 整除,也能被 7 整除的数的个数,并输出在窗体上。

③ 从 300 开始,找出连续 100 个既能被 3 整数又能被 5 整除的数。

④ 计算 $s = 1! + 2! + 3! + \cdots + n!$（其中 n 是用户输入的正整数）。

⑤ 计算出不大于 1000 的 10 个最大的素数。

习题

一、选择题

1. 先判断条件的循环语句是（   ）。

   A. do…while   B. while   C. while…do   D. do…loop

2. 执行下列语句后控制台上的输出是（   ）。

```
if(true)
    System.Console.WriteLine("FirstMessage");
    System.Console.WriteLine("SecondMessage");
```

   A. FirstMessage   B. SecondMessage

       SecondMessage

   C. 无输出   D. FirstMessage

3. 执行 C# 语句序列"int i; for(i＝0;i＋＋＜4;);"后,变量 i 的值是（   ）。

   A. 5   B. 4   C. 1   D. 0

4. 若有如下程序,则语句 a＋1 执行的次数为（   ）。

```
static void Main(string[ ] args)
{
    int x = 1, a = 1;
    do
    {
        a = a + 1;
    }while(x!= 0)
}
```

   A. 0   B. 1   C. 无限次   D. 有限次

5. 有如下程序,该程序的输出结果是（   ）。

```
static void Main(string[ ] args)
{
```

```
        int n = 9;
        while (n > 6)
        {
            n -- ;
            Console.WriteLine(n);
        }

}
```

  A. 987   B. 876   C. 8765   D. 9876

二、填空题

1. 当程序中执行到_____语句时,将结束在循环语句中循环体的一次执行。

2. 在 switch 语句中,每个语句标号所含关键字 case 后面的表达式必须是_____。

3. 在 while 循环语句中,一定要有修改循环条件的语句,否则可能造成_____。

4. 在 C♯语言中,实现循环的主要语句有 while、do…while、for 和_____语句。

5. Visual Studio 提供_____方法就是专门用于人为引发异常的。

三、写出程序的运行结果

1.

```
class Program
{
    static void Main(string[] args)
    {
        int s = 0,i;
        for(i = 1;;i++)
        {if(s > 50) break;
            if(i % 2 == 0)s += i;
        }
        Console.WriteLine("i,s = " + i + "," + s);
    }
}
```

运行结果为:_____

2.

```
static void Main(string[] args)
{
    int x = 15;
    while (x > 10 && x < 50)
    {
        x++;
        if (x / 3!= 0) { x++; break; }
        else continue;
    }
    Console.WriteLine(x);
}
```

运行结果为:_____

3.

```
static void Main(string[] args)
```

```
{
    int k = 4, n = 0;
    for (; n < k;)
    {
        n++;
        if (n % 3 != 0)
            continue;
        k--;
    }
    Console.WriteLine("{0},{1}", k, n);
}
```

运行结果为：_____

4.

```
static void Main(string[] args)
{
    int k = 5, n = 0;
    while (k > 0)
    {
        switch (k)
        {
            case 1: n += k; break;
            case 2: break;
            case 3: n += k; break;
            default: break;
        }
        k = k - 1;
    }
Console.WriteLine(n);
}
```

运行结果为：_____

5.

```
static void Main(string[] args)
{
    int i = 0, s = 0;
    do
    {
        if (i % 2 != 0)
        {
            i++;
            continue;
        }
        i++;
        s += i;
    } while (i < 7);
    Console.Write(s);
}
```

运行结果为：_____

项目 **4**

数组

 项目情境

　　期中考试结束后,小王老师想对班级这次期中考试进行统计分析,求一下平均值、最高分、最低分,再对学生进行一下排名。该班级有 30 名同学,该如何实现呢?

 学习重点与难点

➢ 一维数组的定义及应用

➢ 二维数组的定义及应用

➢ for…each()语句在数组中的应用

学习目标

➢ 掌握一维数组的定义、初始化及应用

➢ 掌握多维数组(二维数组)的定义、初始化及应用

 任务描述

任务 1　求取一个整数数列中的最大值和最小值

任务 2　二维数组的行和列元素互换

任务 3　输出杨辉三角形

任务 4　使用 Sort 方法对数组快速排序

任务 5　利用冒泡排序算法对数组中的数进行排序

任务 6　利用选择排序算法对数组中的数进行排序

 相关知识

知识要点:

➢ 一维数组的定义及使用

➢ 二维数组的定义及使用

➢ 遍历数组

➢ 数组排序

通过前面对数据类型的学习,已经清楚如何创建和使用不同类型的变量。这些变量有

一个共同的特征：每一个变量只容纳一个与数据项相关的信息（如一个 int 类型变量，里面只存放一个整型数据）。如果需要处理一批相同类型的数据项，应该如何做呢？具体的办法就是为每一个相同类型数据项都分别创建一个变量。但是，这样定义和使用非常不方便。

数组是 System. Array 类的实例，是具有相同类型值的一组元素组成的线性序列，存储在一个连续的内存块中。数组中的每一个元素都可以通过数组名和下标来唯一地确定。可以对数组进行声明、初始化、遍历、修改元素、取值等相关操作。

知识点 1　一维数组的定义及使用

1. 数组的声明

一维数组可被直观地认为是排列成一行或一列的数据列表，它和简单变量一样，在使用前必须先进行定义。一维数组定义的一般格式为：

数据类型名[ ] 数组名；

说明：

（1）数据类型用来说明数组的类型，也就是数组元素的类型。它可以是前面定义的任何类型。

（2）数组名必须符合标识符的命名规则，并且不能和其他成员名发生冲突。

（3）中括号为数组类型说明符，必不可少。这代表着要定义的是数组变量。

例如，声明元素为 double 类型的数组变量 scores：

double [ ] scores；

注意：声明数组变量时，长度不能声明。数组是引用类型，也就是说，数组变量是存放在堆中的。

数组在声明时，并没有马上为其分配内存，只有在创建时，才为其分配相应大小的堆内存空间。

2. 指定数组的大小

要使用关键字 new 来指定数组的大小。
例如：

```
int[] a;
a = new int[5];
```

可合并两步为：

```
int[] a = new int[5];
```

3. 数组的初始化

声明数组后，便可以对数组进行初始化：

数组名 = new 数组类型名[ ]{数组元素初始化列表}；

下面是初始化一个一维数组的示例：

a = new int[4]{1,2,3,4};

当然，也可以将声明和初始化一并完成：

数组类型名[ ]数组名 = new 数组类型名[数组长度]{数组元素初始化列表};

例如：

方法一，int[] a＝new int[5]{1,2,3,4,5};

方法二，int[] a＝{1,2,3,4,5};

此语法创建一个数组，且大小等于初始值设定项的数目。

注意：数组元素的下标从 0 开始，如果越界，则会引发异常。

【案例 4-1】 建立控制台应用程序项目，使用数组统计平均成绩。

```
static void Main(string[ ] args)
{
    double[ ] score = {71, 62, 93, 84, 95, 56, 87, 78, 69, 80};
    double sum = 0, average;
    Console.WriteLine("考试成绩(分数): ");
    for( int i = 0;i < score.Length ;i++)
    {
        sum += score[i];
        Console .Write ("{0}",score[i]);
    }
    average = sum/score.Length;
    Console .WriteLine ("\n平均成绩: {0}",average);
}
```

运行结果如图 4-1 所示。

图 4-1　程序运行界面

知识点 2　二维数组的定义及使用

维数是空间上的概念，二维数组即数组的维数为 2，在程序中通常用二维数组来存储二维表中的数据，而二维数组其实就是一个基本的多维数组。

1. 二维数组的声明与使用

二维数组是多维数组中最简单的形式，其语法定义格式为：

数组类型修饰符[,]数组名 = new 数组类型[,]{数组元素初始列表};

在上面的声明语句中，不同维之间需要用","隔开；等号后面需要使用 new 给数组分配内存空间。

下面是定义一个二维数组的示例：

```
int [,]  arrs = new int[2,4]{{1,2,3,4},{5,6,7,8}};
```

对数组元素进行访问时，需要指明数组元素名以及行、列下标值。

2. 动态二维数组

动态二维数组的声明与动态一维数组的声明相同，都是将数组的声明部分和初始化部分写在不同的语句中，其声明语法如下：

```
type[,]  arrayName;
arrayName = new type[n1,n2];
```

或者

```
type[,]  arrayName = new type[n1,n2];
```

其中：

（1）arrayName——数组名称。

（2）type：数组存储数据的数据类型。

（3）n1,n2：数组各维的长度，如果是二维数组，那么 n1 表示一维数组的行数，n2 表示列数，在声明时可以是整数的常量或变量。

对动态二维数组声明完之后，可以通过给 Array 类对象的 GetLength 方法传递不同的参数，来获取二维数组的行数和列数，从而获取到二维数组中的每个元素。

3. 多维数组

多维数组的使用和一维数组类似，声明 N 维数组的基本定义格式如下：

```
数组类型修饰符[,…,]数组名 = new 数组类型[size1,…,sizeN]{数组元素初始化列表};
```

例如，申请一个 $4 \times 3 \times 5$ 的三维数组：

```
int[,,] arrs = new int[4,3,5];
```

【案例 4-2】　建立控制台应用程序项目，通过键盘给 3×3 的二维数组输入数据，第一行赋 $1,2,3$，第二行赋 $10,20,30$，第三行赋 $100,200,300$，输出此二维数组。

```csharp
static void Main(string[] args)
{
    int[,] a = new int[3, 3];
    int i, j;
    for (i = 0; i < 3; i++)
        for (j = 0; j < 3; j++)
            a[i, j] = Convert.ToInt32(Console.ReadLine());
    for (i = 0; i < 3; i++)
    {
        for (j = 0; j < 3; j++)
            Console.Write("{0} ", a[i, j]);
```

```
        Console.WriteLine();
    }
}
```

【案例 4-3】　输入一个 3×3 的二维数组，并输出该数组主对角线上的元素。

```
static void Main(string[] args)
{
    int[,] a = new int[3, 3];
    int i, j;
    for (i = 0; i < 3; i++)
        for (j = 0; j < 3; j++)
            a[i, j] = Convert.ToInt32(Console.ReadLine());
    for (i = 0; i < 3; i++)
        Console.Write("{0} ", a[i, i]);
}
```

【案例 4-4】　创建一个控制台应用程序，其中定义了一个二维数组，并使用数组中的
GetLength 方法获取数组的行数和列数，然后通过双重 for 循环遍历数组输出其元素值。

```
static void Main(string[] args)
{
    int[,] arr = new int[3, 2] { { 38, 98 }, { 368, 698 }, { 2998, 5998 } };
    Console.Write("数组的行数为：");
    Console.Write(arr.GetLength(0));
    Console.Write("\n");
    Console.Write("数组的列数为:");
    Console.Write(arr.GetLength(1));
    Console.Write("\n");
    for (int i = 0; i < arr.GetLength(0); i++)
    {
        string str = "";
        for (int j = 0; j < arr.GetLength(1); j++)
        {
            str = str + Convert.ToString(arr[i, j]) + " ";
        }
        Console.Write(str);
        Console.Write("\n");
    }
    Console.ReadLine();
}
```

程序运行结果如图 4-2 所示。

图 4-2　程序运行界面

知识点3　遍历数组

遍历数组，即从头到尾逐个读出数组的每个元素。

【案例4-5】　使用 foreach 循环语句计算成绩数组的平均值。

```
static void Main(string[] args)
{
    int[] scores = new[] { 74, 60, 91, 82, 94, 55, 88, 78, 69, 80 };
    double sum = 0, average;
    Console.WriteLine("考试成绩(分数): ");
    foreach (int chr in scores)
    {
        sum += chr;
        Console.Write(" " + chr);
    }
    average = sum / scores.Length;
    Console.WriteLine("\n平均成绩: " + average);
}
```

程序运行结果如图 4-3 所示。

图 4-3　程序运行界面

知识点4　数组排序

1. Sort 方法

由于 Array 是所有数组的基类，因此，可调用该类的方法，对一维数组进行排序与复制。设有数组 scores 定义如下：

```
int[] scores = new[]{74, 60, 91, 82, 94, 55, 88, 78, 69, 80};
```

则可使用 Array 类的静态方法 Sort()，对上述数组元素按从小到大升序排序，例如：

```
Array.Sort(scores);
```

排序后数组 scores 内容变为{55,60,69,74,78,80,82,88,91,94}。

如果要按从大到小的降序排序，则可调用 Array 类的静态方法 Reverse()，对已升序排列的数组元素反转顺序。例如：

```
Array.Reverse(scores);
```

2. 冒泡排序法

冒泡排序是一种最常用的排序方法,就像气泡一样越往上走越大,因此被人们形象地称为冒泡排序法。冒泡排序的过程很简单,首先将第 1 个记录的关键字和第 2 个记录的关键字进行比较,若为逆序,则将两个记录交换;然后比较第 2 个记录和第 3 个记录的关键字,以此类推,直至第 $n-1$ 个记录和第 n 个记录的关键字进行过比较为止。上述过程称为第一趟冒泡排序,使用冒泡对数组中的元素从小到大进行排序。

3. 选择排序法

选择排序的基本思想是,每一趟在 n 个记录中选取关键字最小的记录作为有序序列的第 I 个记录,并且令 I 为 $1\sim n-1$,进行 $n-1$ 趟选择操作。

任务 1　求取一个整数数列中的最大值和最小值

■ 任务分析

初始状态,可以认为数列中的第一个数既是最大值也是最小值;然后数列中的每一个数都和这个数进行比较,比这个数大就修改 max 的值,比这个数小就修改 min 的值。直到所有的数都比较结束。

◆ 任务实施

【步骤 1】　启动 Visual Studio 2010,打开"新建项目"窗口。在左侧选择 Visual C♯,在右侧选择"控制台应用程序",并在下方的"名称"中输入 renwu1,"位置"中选择"F:\C♯工作目录\","解决方案名称"中也输入 renwu1,单击"确定"按钮,进入代码设计界面。

【步骤 2】　在 Main 方法中输入如下的语句:

```
static void Main(string[ ] args)
{
    double [ ] a = new double[5];
    double min, max;
    Console.WriteLine("请输入 5 个数:");
    for (int i = 0; i <= 4; i++)
        a[i] = Convert.ToDouble(Console.ReadLine());
    min = a[0];
    max = a[0];
    for (int i = 1; i <= 4; i++)
    {
        if (min > a[i])
            min = a[i];
        if (max < a[i])
            max = a[i];
    }
    Console.Write("数组中的 5 个数为: ");
```

```
        for (int i = 0; i <= 4; i++)
            Console.Write("{0}", a[i]);
    Console.WriteLine();
    Console.WriteLine("数组中的最大值为: {0}, 最小值为: {1}", max, min);
}
```

【步骤 3】 按 F5 键或单击工具栏上的"启动调试"按钮,程序开始运行,运行结果如图 4-4 所示。

图 4-4　程序运行界面

任务 2　二维数组的行和列元素互换

将一个二维数组的行和列元素互换,存到另一个二维数组中。例如:

$$a = \begin{bmatrix} 1 & 2 & 3 \\ 4 & 5 & 6 \end{bmatrix} \quad b = \begin{bmatrix} 1 & 4 \\ 2 & 5 \\ 3 & 6 \end{bmatrix}$$

■ 任务分析

创建一个控制台应用程序,定义两个数组:数组 a 为 2 行 3 列,数组 b 为 3 行 2 列。只要将 a 数组中的元素 a[i][j] 存放到 b 数组中的 b[j][i] 元素中即可。

◆ 任务实施

【步骤 1】 启动 Visual Studio 2010,打开"新建项目"窗口。在左侧选择 Visual C#,在右侧选择"控制台应用程序",并在下方的"名称"中输入 renwu2,"位置"中选择"F:\C♯工作目录","解决方案名称"中也输入 renwu2,单击"确定"按钮,进入代码设计界面。

【步骤 2】 在 Main 方法中输入如下的语句:

```
static void Main(string[] args)
{
    int[,] a = new int[2, 3]{{1,2,3},{4,5,6}};
    int[,] b = new int[3, 2];
    int i,j;
    Console.WriteLine("数组 a:");
```

```
    for (i = 0; i <= 1; i++)
    {
        for (j = 0; j <= 2; j++)
        {
            Console.Write("{0}", a[i,j]);
            b[j,i] = a[i,j];
        }
        Console.WriteLine("");
    }
    Console.WriteLine("数组 b:");
    for (i = 0; i <= 2; i++)
    {
        for (j = 0; j <= 1; j++)
            Console.Write("{0}", b[i,j]);
        Console.WriteLine();
    }
}
```

【步骤 3】 按 F5 键或单击工具栏上的"启动调试"按钮,程序开始运行,运行结果如图 4-5 所示。

图 4-5 程序运行界面

任务 3 输出杨辉三角形

输出 10 行如图 4-6 所示的杨辉三角形。

■ 任务分析

观察杨辉三角形不难找出规律。用二维数组来存放元素值。第 0 列和第 i==j 列上的元素值为 1,其余 a[i,j] 的值为 $a[i,j] = a[i-1, j-1] + a[i-1,j]$。

```
1
1   1
1   2   1
1   3   3   1
1   4   6   4   1
1   5   10  10  5   1
```

图 4-6 杨辉三角形

【步骤 1】 启动 Visual Studio 2010,打开"新建项目"窗口。在左侧选择 Visual C♯,在右侧选择"窗体应用程序",并在下方的"名称"中输入 renwu3,"位置"中选择"F:\C♯工作目录","解决方案名称"中也输入 renwu3,单击"确定"按钮,进入代码设计界面。

【步骤 2】 给窗体添加 1 个标签控件(label1)、1 个命令按钮控件(button1),适当调整控件的大小及布局,如图 4-7 所示。

【步骤 3】 按照表 4-1 中的要求对窗体和控件的属性进行修改,修改后的界面如图 4-8 所示。

表 4-1 对象属性的设置

对　　象	属　　性	属　性　值
Form1	Text	杨辉三角形
label1	Text	
label1	AutoSize	False
label1	BorderStyle	Fixed3D
button1	Text	打印

图 4-7　程序设计界面

图 4-8　修改属性后窗体界面

【步骤 4】 双击"打印"按钮,进入代码编写界面,添加"打印"按钮的 Click 事件代码如下:

```csharp
private void button1_Click(object sender, EventArgs e)
{
    int i, j;
    int[,] a = new int[10, 10];
    for (i = 0; i < 10; i++)
    {
        for (j = 0; j <= i; j++)
        {
            if (i == j || j == 0)
                a[i, j] = 1;
            else
                a[i, j] = a[i - 1, j - 1] + a[i - 1, j];
            label1.Text += a[i, j] + " ";
        }
        label1.Text += "\n";
    }

}
```

【步骤5】 执行程序,按 F5 键或单击工具栏上的"启动调试"按钮,程序开始运行,结果如图 4-9 所示。

图 4-9　程序运行界面

任务4 使用 Sort 方法对数组快速排序

■ 任务分析

利用 random 类生成 10 个 0~100 的随机数,然后对这 10 个随机数进行排序,可使用 Array 类的静态方法 Sort()。

【步骤1】 启动 Visual Studio 2010,打开"新建项目"窗口。在左侧选择 Visual C♯,在右侧选择"窗体应用程序",并在下方的"名称"中输入 renwu4,位置中选择"F:\C♯工作目录\","解决方案名称"中也输入 renwu4,单击"确定"按钮,进入代码设计界面。

【步骤2】 给窗体加 2 个文本框控件(textBox1、textBox2)、2 个命令按钮控件(button1、button2),适当调整控件的大小及布局,如图 4-10 所示。

【步骤3】 按照表 4-2 中的要求对窗体和控件的属性进行修改,修改后的界面如图 4-11 所示。

表 4-2　对象属性的设置

对　　象	属　　性	属　性　值
Form1	Text	数组排序
textBox1	Multiline	True
textBox2	Multiline	True
button1	Text	随机生成数组
button2	Text	排序

图 4-10　程序初始界面　　　　　图 4-11　修改属性后窗体界面

【步骤 4】　双击"随机生成数组"按钮,进入代码编写界面,添加"随机生成数组"按钮的
Click 事件代码如下:

```
int[ ] j = new int[10];
private void button1_Click(object sender, EventArgs e)
{
    Random r = new Random();
    for (int i = 0; i < 10; i++)
    {
        int s = r.Next(0, 100);
        j[i] = s;
        textBox1.Text += s.ToString() + ",";
    }
}
```

【步骤 5】　双击"排序"按钮,进入代码编写界面,添加"排序"按钮的 Click 事件代码
如下:

```
private void button2_Click(object sender, EventArgs e)
{
    if (textBox1 != null)
    {
        Array.Sort(j);
        foreach(int i in j)
        {
            textBox2.Text += i.ToString() + ",";
        }
    }
}
```

【步骤 6】　执行程序,按 F5 键或单击工具栏上的"启动调试"按钮,程序开始运行,单击
"随机生成数组"命令按钮。在 textBox1 中生成 10 个随机数,然后单击"排序"按钮,对随机
数进行排序。运行结果如图 4-12 所示。

图 4-12 程序运行界面

任务 5 利用冒泡排序算法对数组中的数进行排序

■ 任务分析

冒泡排序是两两进行比较，一趟比较之后获得一个数有序。解决问题的关键是需要进行几趟排序，每一趟排序需要比较的次数。设数组中有 n 个数，则需进行 $n-1$ 趟排序，每一趟需比较 $n-i-1$ 次（其中 i 代表第几趟比较，i 从 0 开始计数）。

【步骤 1】 启动 Visual Studio 2010，打开"新建项目"窗口。在左侧选择 Visual C#，在右侧选择"控制台应用程序"，并在下方的"名称"中输入 renwu5，"位置"中选择"F:\C#工作目录\"，"解决方案名称"中也输入 renwu5，单击"确定"按钮，进入代码设计界面。

【步骤 2】 在 Main 方法中输入如下的语句：

```
static void Main(string[] args)
{
    int[] a = { 10, 5, 8, 2, 8, 7, 15, 12, 1, 9 };
    int i;
    Console.WriteLine("冒泡排序前数组中的元素：");
    foreach(int k in a)
        Console.Write(k + "  ");
    Console.WriteLine();
    for(i = 0; i < a.Length - 1; i++)
    {
        for(int j = 0; j < a.Length - i - 1; j++)
        {
            if(a[j] > a[j + 1])
            {int c = a[j];
                a[j] = a[j + 1];
                a[j + 1] = c;
            }
        }
    }
    Console.WriteLine("冒泡排序后数组中的元素：");
```

```
        foreach(int k in a)
            Console.Write (k + "  ");
    }
```

【步骤 3】 按 F5 键或单击工具栏上的"启动调试"按钮,程序开始运行,运行结果如图 4-13 所示。

图 4-13　程序运行界面

任务6　利用选择排序算法对数组中的数进行排序

■ 任务分析

选择排序是从冒泡排序演化而来的,每一轮比较得出最小的那个值,然后依次和每轮"无序区"中参与比较的第一个值进行交换。

【步骤 1】 启动 Visual Studio 2010,打开"新建项目"窗口。在左侧选择 Visual C♯,在右侧选择"控制台应用程序",并在下方的"名称"中输入 renwu6,"位置"中选择"F:\C♯工作目录\","解决方案名称"中也输入 renwu6,单击"确定"按钮,进入代码设计界面。

【步骤 2】 在 Main 方法中输入如下的语句:

```csharp
static void Main(string[] args)
{
    int[] arr = new int[] { 38, 72, 14, 95, 61, 27 };
    Console.Write("初始数组");
        foreach(int n in arr)
            Console.Write ("{0}",n + " ");
    Console.WriteLine();
    int min;
    for(int i = 0; i < arr.Length - 1; i++)
    {
        min = i;
        for(int j = i + 1; j < arr.Length; j++)
        {
            if(arr[j] < arr[min])
                min = j;
        }
        int t = arr[min];
        arr[min] = arr[i];
        arr[i] = t;
```

```
        }
        Console.WriteLine ("排序后的数组:");
        foreach( int n in arr)
            Console.Write("{0}",n+" ");
        Console.ReadLine();
    }
```

【**步骤3**】　按 F5 键或单击工具栏上的"启动调试"按钮,程序开始运行,运行结果如图 4-14 所示。

图 4-14　程序初始界面

项目小结

　　数组是包含若干相同类型的变量的集合,数组中的变量称为数组的元素,这些变量都可以通过索引进行访问,数组的索引从零开始,数组能够容纳元素的数量称为数组的长度。

　　对数组常用的操作有访问与排序,通过下标可以对单个数组元素进行访问,利用循环语句可以遍历数组中的每一个元素。排序是编程中最常用的算法之一,数组排序方法有冒泡排序和选择排序。

拓展实训

一、实训的目的和要求

(1)熟练掌握一维数组的定义与使用。
(2)熟练掌握二维数组的定义与使用。
(3)掌握两种排序算法。
(4)综合运用所学知识来解决问题。

二、实训内容

(1)编写程序,利用随机函数产生 10 个 100 以内的随机数,找出其中具有最大值的元素并指示其位置。

(2)创建控制台应用程序,判断从键盘上输入的正整数是否"回文数"。所谓"回文数",指的是正读反读都相同的数,例如 1234321。

习题

一、选择题

1. 在 Array 类中,可以对一维数组中的元素进行排序的方法是(　　)。

    A. Sort()　　　　　　B. Clear()　　　　　　C. Copy()　　　　　　D. Reverse()

2. 假定一个 10 行 20 列的二维整型数组,下列定义语句(　　)是正确的。

    A. int[] arr＝new int[10,20]　　　　　　B. int[] arr＝int new[10,20]

    C. int[,] arr＝new int[10,20]　　　　　　D. int[,]arr＝new int[20,10]

3. 下列语句创建了(　　)个 string 对象。

```
String[,] strArray = new string[3,4];
```

    A. 0　　　　　　　　B. 3　　　　　　　　C. 4　　　　　　　　D. 12

4. 数组 pins 的定义如下:

```
int [] pins = new int[4]{9,2,3,1};
```

则 pins[1]＝(　　)。

    A. 1　　　　　　　　B. 2　　　　　　　　C. 3　　　　　　　　D. 9

5. 数组 pins 的定义如下:

```
string[] pins = new string[4]{"a","b","c","d"};
```

执行下列语句后,数组 pins 的值为(　　)。

```
String[] myArr = pins;
myArr[3] = "e";
```

    A. "a","b","c","d"　　　　　　　　　　B. "a","b","c","e"

    C. "a","b","e","d"　　　　　　　　　　D. "e","e","e","d"

6. 下面所列选项中,能够正确定义具有 10 个数据元素一维整型数组 a 的是(　　)。

    A. int [] a ＝ new int[10];　　　　　　B. int a[10];

    C. int [] a ＝ int[10];　　　　　　　　D. int [] a ＝ int(10)

7. 设有 C# 数组定义语句"int [] a ＝ new int[5];",对数组 a 元素的正确引用是(　　)。

    A. a[5]　　　　　　B. a[100－100]　　　C. a(0)　　　　　　D. a＋1

8. 设有 C# 数组定义语句:"float [,] a ＝ new float [5,5];",对数组 a 元素的正确引用是(　　)。

    A. a[3][2]　　　　　B. a[4,5]　　　　　　C. a[5,0]　　　　　　D. a[0,0]

9. 在 C# 语言中,表示数组长度属性的关键字是(　　)。

    A. Len　　　　　　　B. Size　　　　　　　C. Long　　　　　　　D. Length

10. 数组中的元素通过(　　)来引用。

    A. 常量　　　　　　　B. 数字　　　　　　　C. 元素　　　　　　　D. 下标

二、填空题

1. _____是所有数组的基类。

2. 在 C#语言中,可以用来遍历数组元素的循环语句是_____。

3. 数组是一种_____类型。

三、写出程序的运行结果

1.

```
class Program
{
    static int[] a = { 1, 2, 3, 4, 5, 6, 7, 8 };
    static void Main(string[] args)
    {
        int s0, s1, s2;
        s0 = s1 = s2 = 0;
        for(int i = 0; i < 8; i++)
        { switch(a[i] % 3)
            {
            case 0: s0 += a[i]; break;
            case 1: s1 += a[i]; break;
            case 2: s2 += a[i]; break;
            }
        }
        Console.WriteLine(s0 + " " + s1 + " " + s2);
    }
}
```

运行结果:_____

2.

```
static void Main(string[] args)
{
    int[,] x = new int[3, 3] { {1, 2, 3},{4, 5, 6}, {7, 8, 9}};
    int i;
    for (i = 0; i < 3; i++)
        Console.Write(x[i, 2 - i]);

}
```

运行结果:_____

项目 5

开发窗体应用程序

 项目情境

公司要采集员工的电子信息,在信息部工作的小张负责编写一个应用程序,用于员工提交个人信息。采集的信息包括姓名、年龄、性别、出生日期、学历、毕业学校、家庭住址、联系电话等。

 学习重点与难点

- Windows 窗体
- Windows 基本控件
- Windows 高级控件
- Windows 通用对话框

 学习目标

- 掌握 Windows 窗体的属性、方法和事件
- 熟练掌握文本编辑控件的常用属性、方法和事件
- 熟练掌握选择类控件的常用属性、方法和事件
- 熟练掌握列表类控件的常用属性、方法和事件
- 熟练掌握容器类控件的常用属性、方法和事件
- 熟练掌握菜单与工具栏类控件的常用属性、方法和事件
- 熟练掌握对话框控件的常用属性、方法和事件
- 掌握计时器、进度条、图形控件的基本用法
- 学会利用各种控件组合设计 Windows 应用程序窗体界面

 任务描述

任务1　制作个人信息登记程序
任务2　制作简易文本编辑器

 相关知识

知识要点:
- Windows 应用程序概述

> 文本编辑控件
> 选择类控件
> 列表类控件
> 容器类控件
> 菜单与工具栏控件
> 对话框
> 计时器、进度条、图像组件

知识点 1　Windows 应用程序概述

Windows 窗体是向用户显示信息的可视画面,窗体是 Windows 应用程序的基本单元。窗体都具有自己的特征,可以通过编程来设置。窗体也是对象,窗体类定义了生成窗体的模板,每实例化一个窗体类,就产生一个窗体。.NET 框架类库的 System. Windows. Forms 命名控件中定义的 Form 类是所有窗体类的基类。编写窗体应用程序时,首先需要设计窗体的外观并在窗体中添加控件或组件。虽然可以通过编写代码来实现,但是却不直观,也不方便,而且很难精确地控制界面。Visual Studio 2010 提供了一个图形化的可视化窗体设计器,可以实现所见即所得的设计效果,可以快速开发窗体应用程序。

1. 窗体常用属性

新建窗体会有一些基本特征,比如标题、图标、背景等,设置这些基本特征可以通过代码实现,也可以通过窗体的属性面板来实现。事实上,在设计阶段通过属性面板修改属性更方便高效。如表 5-1 所示的是 Windows 窗体的常用属性。

表 5-1　窗体的常用属性

属　性　名	描　　　述
Name	设置窗体对象名称
Text	设置窗体的标题
Size	设置窗体大小(长和宽)
BackgroundImage	设置窗体的背景图像
BackColor	设置窗体的背景颜色
Enabled	设置窗体是否可用,值为 True,则可用;为 False,则不可用
Font	窗体中文本的字体。单击其后的按钮,弹出"设置字体"对话框
Location	窗体的 StartPosition 设置为 Manual 时,窗体左上角相对于屏幕左上角的坐标
StartPosition	窗体在屏幕上的显示位置,共有 5 种 Manual:窗体的位置根据 Location 属性的 X、Y 坐标来确定 CenterScreen:窗体显示在屏幕中央 WindowsDefaultLocation:窗体位于默认的 Windows 位置,但其大小根据 Size 属性来定 WindowsDefaultBounds:窗体位于默认的 Windows 位置,使用默认的大小 CenterParent,则显示在父窗体的中心
WindowsState	确定窗体运行时的初始状态,值为 Normal(正常)、Maximized(最大化)、Minimized(最小化)
Icon	窗体的图标。这在窗体的系统菜单框中显示,以及当窗体最小化时显示

2. 窗体的常用方法

1）Show 方法

格式：

```
public void Show()
public void Show(IWin32Windows owner)
```

功能：用来显示窗体。其中，owner 是任何实现 IWin32Windows 并表示将拥有此窗体的对象。

例如，显示 Form1 窗体，使用 show 方法的代码如下：

```
Form1 frm = new Form1();
frm.Show();
```

2）Hide 方法

格式：

```
Hide()
```

功能：用来隐藏窗体。

例如，隐藏 Form1 窗体，使用 Hide 方法的代码如下：

```
Form1 frm = new Form1();
frm.Hide();
```

Hide 方法只是隐藏窗体，并没有释放窗体所占的内存资源，而是继续存储在内存中，编程者可以根据需要调用 Show 方法显示隐藏的窗体。

3）Close 方法

格式：

```
Close()
```

功能：关闭窗体。

例如，关闭刚刚打开的 Form1 窗体，使用 Close 方法的代码如下：

```
Form1 frm = new Form1();
frm.Close();
```

关闭当前窗体时，可以使用 this 关键字代替窗体对象名。例如，this.Close()。通常情况下，关闭窗体后，窗体所占内存资源会被释放，但在以下两种情况下调用 Close 方法不会释放窗体：

- 窗体是多文档界面（MDI）应用程序的一部分且是不可见的；
- 使用 ShowDialog 显示的该窗体。

在这些情况下，需要手动调用 Dispose 来将窗体的所有控件都标记为需要进行垃圾回收。

3. 窗体的常用事件

在 Windows 应用程序中，窗体是与用户交互的基本方式，一个应用程序可以有一个或多个窗体。对窗体的任何交互都是基于事件驱动来实现的。Form 类提供了大量用于响应执行窗体的各种操作的事件。在窗体的属性面板中单击 ![事件] (事件)按钮,可以查看到窗体的所有事件。在此介绍几种常用的事件。

1) Load 事件

窗体加载时,将触发窗体的 Load 事件,该事件是窗体的默认事件。Load 事件是在窗体对象实例化后,第一次显示窗体前发生。也就是说,在引发 Load 事件时窗体还不存在,处于实例化过程中,但不可见。当应用程序启动时,会自动执行 Load 事件,因此通常在该事件中初始化属性和变量。

2) Activated 事件

Activated 事件在窗体处于可见状态并处于当前状态时发生。在开发数据库应用程序时,为了更新主窗体中数据表格控件的数据,以显示最新的数据,可以在添加或修改记录完成后关闭子窗体,重新激活主窗体,在主窗体的 Activated 事件中对数据表格控件重新绑定。

3) FormClosing 事件和 FormClosed 事件

窗体关闭前将会触发窗体的 FormClosing 事件。FormClosed 事件是在窗体关闭后发生。这两个事件都允许执行必要的清理工作。例如,可以在事件中关闭网络连接或多线程,以便释放网络连接或多线程所占的系统资源。

综上所述,通常情况下,4 个事件以如下顺序发生:

- Load;
- Activated;
- FormClosing;
- FormClosed。

4. Windows 窗体调用

对开发者而言,窗体是应用程序外观设计的操作界面。根据不同的需求,开发者可以使用不同类型的 Windows 窗体。根据窗体的显示状态,Windows 窗体分为模式窗体和非模式窗体。

模式窗体是使用 ShowDialog 方法显示的窗体。窗体显示时作为激活窗体,则其他窗体不可用,不能通过单击其他窗体进行窗体切换,只有将模式窗体关闭后,其他窗体才恢复可用状态。

以模式窗体方式显示 Form2 窗体,代码如下:

```
Form2 frm = new Form2();
frm.ShowDialog();
```

非模式窗体是使用 Show 方法显示的窗体。非模式窗体在显示时,如果有多个窗体,那么用户可以单击任何一个窗体进行窗体切换,被单击的窗体成为激活窗体显示在屏幕的最前面。

以非模式窗体方式显示 Form2 窗体,代码如下:

```
Form2 frm = new Form2();
frm.Show();
```

5. 多文档界面

多文档界面简称 MDI(Multiple Document Interface),主要用于同时显示多个文档,每个文档显示在各自的窗口中。MDI 窗体中通常有包含子菜单的窗口菜单,以便在窗口或文档之间进行切换。MDI 窗体十分常见。如图 5-1 所示为一个 MDI 窗体界面。

图 5-1　MDI 窗体界面

在 MDI 应用程序中,作为容器的窗体被称为"父窗体",可放在父窗体中的其他窗体称为"子窗体"。当 MDI 应用程序启动时,首先显示父窗体。所有的子窗体都在父窗体中打开。创建 MDI 窗体主要分为设置父窗体和设置子窗体两个步骤。

1) 设置父窗体

如果想要将某个窗体设置成父窗体,只要在窗体的属性面板中将 IsMdiContainer 属性设置为 True 即可。

2) 设置子窗体

设置完父窗体后,可以通过设置某个窗体的 MdiParent 属性来确定子窗体,语法格式如下:

```
Public Form MdiParent{get;set;}
```

如果一个 MDI 窗体中有多个窗体同时打开,界面会显得非常乱,不容易浏览。可以通过使用带有 MdiLayout 枚举的 LayLayoutMdi 方法来排列多文档界面父窗体中的子窗体。语法格式如下:

```
public void LayoutMdi(MdiLayout value)
```

其中,value 是 MdiLayout 枚举值之一,用来定义 MDI 子窗体的布局;MdiLayout 枚举用于指定 MDI 父窗体中子窗体的布局,其枚举成员及说明如表 5-2 所示。

表 5-2　MdiLayout 枚举成员及说明

枚 举 成 员	说　明
Cascade	所有 MDI 子窗体均层叠在 MDI 父窗体的工作区内
TileHorizontal	所有 MDI 子窗体均水平平铺在 MDI 父窗体的工作区内
TileVertical	所有 MDI 子窗体均垂直平铺在 MDI 父窗体的工作区内

【**案例 5-1**】 创建一个 Windows 窗体应用程序，向项目中另外添加 3 个窗体，使得应用程序中共有 4 个窗体，其中 Form1 作为父窗体，Form2、Form3、Form4 作为子窗体。使用 LayoutMdi 方法以及 MdiLayout 枚举设置子窗体的不同排列方式。实施步骤如下：

（1）程序界面设计。

创建一个 Windows 应用程序，命名为 exp5-1。在"解决方案资源管理器"面板中右击 exp5-1，选择"添加"→"Windows 窗体"命令，在弹出的"添加新项"对话框中单击"添加"按钮。重复此操作，分别添加命名为 Form2、Form3、Form4 的窗体。

（2）设置父窗体。

打开 Form1 窗体，添加一个菜单组件（MenuStrip1），菜单项的设置如图 5-1 所示。设置 Form1 窗体的 IsMdiContainer 属性为 True。

（3）设计代码。

打开 Form1 窗体，双击"加载子窗体"菜单项，添加该菜单项的 Click 事件代码如下：

```
private void 加载子窗体 ToolStripMenuItem_Click(object sender, EventArgs e)
{
    Form2 frm2 = new Form2();        //实例化 Form2
    frm2.MdiParent = this;           //设置 MdiParent 属性,将当前窗体作为父窗体
    frm2.Show();                     //使用 Show 方法打开窗体
    Form3 frm3 = new Form3();        //实例化 Form3
    frm3.MdiParent = this;           //设置 MdiParent 属性,将当前窗体作为父窗体
    frm3.Show();                     //使用 Show 方法打开窗体
    Form4 frm4 = new Form4();        //实例化 Form4
    frm4.MdiParent = this;           //设置 MdiParent 属性,将当前窗体作为父窗体
    frm4.Show();                     //使用 Show 方法打开窗体
}
```

双击"水平平铺"菜单项，添加该菜单项的 Click 事件代码如下：

```
private void 水平平铺 ToolStripMenuItem_Click(object sender, EventArgs e)
{
    LayoutMdi(MdiLayout.TileHorizontal);
}
```

双击"垂直平铺"菜单项，添加该菜单项的 Click 事件代码如下：

```
private void 垂直平铺 ToolStripMenuItem_Click(object sender, EventArgs e)
{
    LayoutMdi(MdiLayout.TileVertical);
}
```

双击"层叠排列"菜单项，添加该菜单项的 Click 事件代码如下：

```
private void 层叠排列 ToolStripMenuItem_Click(object sender, EventArgs e)
{
    LayoutMdi(MdiLayout.Cascade);
}
```

（4）执行程序。

按 F5 键或单击工具栏上的"启动调试" ▶ 按钮，程序开始运行，运行结果如图 5-2～图 5-6 所示。

图 5-2　父窗体启动

图 5-3　加载子窗体

图 5-4　水平平铺

图 5-5　垂直平铺

图 5-6　层叠排列

知识点 2　文本编辑控件

1. TextBox 控件

TextBox 控件也称文本框控件,常用于在窗体中接收用户的输入或显示文本,利用该控件可以让用户输入文本、密码等信息,同时也可以控制用户输入内容的长度、类型。

TextBox 控件常用属性及说明如表 5-3 所示。

表 5-3　TextBox 控件常用属性及说明

属　性　名	说　　明
BackColor	用于设置或返回控件的背景色
BorderStyle	设置 TextBox 边框的类型,为枚举值：None(没有边框)、FixedSingle(单边边框)、Fixed3D(立体感的边框),默认值是 Fixed3D
Font	获取或设置文本框显示的文字的字体,包括字体名称、字号、是否加粗、是否斜体、是否有下画线等
ForeColor	获取或设置组件的前景色
MaxLength	获取或设置用户可以在文本框组件中最多输入的字符数,默认为 32767
Multiline	获取或设置文本框是否允许多行输入,默认为 False
Modifier	指示 TextBox 控件的可见性级别
PasswordChar	获取或设置字符,该字符用于屏蔽单行文本框的密码字符
ReadOnly	获取或设置一个值,该值指示是否能够更改文本框中的文本,默认为 False,即可以修改；若为 True,则不可以修改
RightToLeft	获取或设置一个值,该值指示是否将文本框中的内容从右向左显示
ScrollBars	获取或设置哪些滚动条应出现在多行文本框中
Text	获取或设置文本框中的当前文本
TextAlign	设置文本框内文本的对齐方式
TextLength	获取组件中文本的长度
TextAlign	设置文本的对齐方式,有 3 个值：Left(左对齐)、Center(居中对齐)、Right(右对齐)
Visible	获取或设置一个值,该值指示程序运行时文本框是显示还是隐藏。值为 True,显示控件；值为 False,隐藏控件。默认值为 True
WordWrap	在 Multiline 属性为 True 时,此属性起作用,用于指示控件内文本是否自动换行

其中,控件的 Modifier 属性经常在窗体的继承中使用,因为该属性的默认值为 Private,在继承窗体不能修改继承控件的属性值,这样会限制继承窗体的扩展功能。可以修改控件的 Modifier 属性值为 Public(公有的),这样就可以在继承窗体中编辑继承窗体的属性,从而体现继承的扩展性。关于更多继承的概念,将在项目 8 详细介绍。

基于 Windows.Forms.Control 类的控件具有一些通用的属性,在后面的控件介绍中对于重复的属性将不再详细介绍。

一般情况下,每个控件都有一个默认的事件,这个默认事件就是该控件的最常用的事件。在设计模式下,当在窗体上双击一个控件时,系统会自动生成该控件的默认事件处理函数,并打开代码窗口,例如,窗体控件的默认事件是 Load,在窗体的空白处双击,系统会为窗体控件的 Load 事件生成事件处理函数框架如下：

```
private void Form1_Load(object sender, EventArgs e)
{
    …
}
```

TextBox 控件的常用事件及说明如表 5-4 所示。

表 5-4 TextBox 控件常用事件及说明

事 件 名	说 明
Enter	当 TextBox 控件获得焦点时发生
KeyDown	在控件具有焦点的前提下,用户按下某个键时发生
KeyPress	在控件具有焦点的前提下,用户按下并释放某个键后发生
KeyUp	在控件具有焦点的前提下,用户释放键时发生
Leave	当 TextBox 控件失去焦点时发生
TextChanged	当 TextBox 控件中的文本值发生改变时发生

2. RichTextBox 控件

RichTextBox 控件又称为有格式文本框,它在允许用户输入和编辑文本的同时提供了比普通的 TextBox 控件更高级的格式特征。TextBox 控件常用于从用户那儿获取短文本字符串,而 RichTextBox 控件多用于现实和输入格式化的文本,还能设定文字颜色、字体和段落格式,支持字符串查找功能,支持 RTF(Rich Text Format,富文本格式)等功能。

RichTextBox 控件的常用属性及说明如表 5-5 所示。

表 5-5 RichTextBox 控件常用属性及说明

属 性 名	说 明
BulletIndent	获取或设置对文本应用项目符号样式时控件使用的缩进
DetectUrls	获取或设置一个值,该值指示是否将控件文本中的 URL 格式设置为链接
EnableAutoDragDrop	获取或设置一个值,该值指示是否启用文本、图片和其他数据的拖放操作
Rtf	此属性与 Text 属性类似,但它可以包含 RTF 格式文本
RightMargin	获取或设置 RichTextBox 控件内单个文本行的大小
SelectedRtf	获取或设置控件中当前选择的 RTF 格式的格式化文本
SelectedText	获取或设置控件中的选定文本
SelectionAlignment	获取或设置应用到当前选定内容或插入点的对齐方式
SelectionBackColor	获取或设置控件中的文本在选中时的背景颜色,若无选定文本,此属性值应用到从插入点开始输入的文本
SelectionColor	获取或设置当前选定文本或插入点的文本颜色
SelectionFont	获取或设置当前选定文本或插入点的字体
SelectionIndent	获取或设置所选内容开始行的缩进距离(以像素为单位)
SelectionLength	获取或设置控件中选定的字符数
SelectionStart	获取或设置控件中选定的文本起始点
TextLength	获取控件中文本的长度

RichTextBox 控件的常用方法及说明如表 5-6 所示。

表 5-6 RichTextBox 控件常用方法及说明

方 法 名	说 明
AppendText	向文本框的当前文本追加文本
Clear	从文本框控件中清除所有文本
ClearUndo	从该文本框的撤销缓冲区中清除关于最近操作的信息

方 法 名	说　明
Copy	将文本框中的当前选定内容复制到"剪贴板"
Cut	将文本框中的当前选定内容移动到"剪贴板"
Find	在 RichTextBox 的内容中搜索文本
LoadFile	将文件的内容加载到 RichTextBox 控件中
Paste	将"剪贴板"中的内容粘贴到控件中
Redo	重新应用控件中上次撤销的操作
SaveFile	将 RichTextBox 的内容保存到文件
SelectAll	选定文本框中的所有文本
Undo	撤销文本框中的上一个编辑操作

3. Label 和 LinkLabel 控件

Label(标签)控件也是最常用的控件,它主要用于显示用户不能编辑的文本,标识窗体上的对象。Label 是标准的 Windows 标签,LinkLabel 类似于标准标签,但以超链接的方式显示。

通常情况下不需要为 Label 控件添加任何事件处理代码。但它也像其他控件一样支持事件。对于 LinkLabel 控件,如果用户希望可以通过单击它打开相应的页面,就需要添加代码。

Label 控件的属性很多,大多数属性派生于 Control 类。Label 控件的常用属性及说明如表 5-7 所示,LinkLabel 控件的常用属性及说明如表 5-8 所示。

表 5-7　Label 控件常用属性及说明

属 性 名	说　明
ForeColor	获取或设置控件的前景色,主要用于设置文本
Text	获取或设置与此控件关联的文本
Visible	获取或设置一个值,该值指示是否显示该控件及其所有父控件

表 5-8　LinkLabel 控件常用属性及说明

属 性 名	说　明
DisabledLinkColor	获取或设置显示禁用链接时所用的颜色
LinkArea	获取或设置文本中视为链接的范围
LinkBehavior	获取或设置一个表示链接的行为的值
LinkColor	获取或设置显示普通链接时使用的颜色
Links	获取包含在 LinkLabel 内的链接的集合
Link Visited	获取或设置一个值,指示链接是否应显示为如被访问过的链接
VisitedLinkColor	获取或设置当显示以前访问过的链接时所使用的颜色

LinkLabel 控件的常用事件及说明如表 5-9 所示。

表 5-9　LinkLabel 控件常用事件及说明

事 件 名	说　明
Click	当单击控件时发生
LinkClicked	当单击控件内的链接时发生

4. Button 控件

Button 控件又称为按钮控件,也是常用控件之一。通常用户通过鼠标单击来执行操作,也可以用键盘上的 Enter 键进行操作。

Button 控件的常用属性及说明如表 5-10 所示。

表 5-10 Button 控件常用属性及说明

属　性　名	说　　明
BackgroundImage	获取或设置在控件中显示的背景图像
BackgroundImageLayout	获取或设置控件中背景图像的布局。Tile—图片重复(默认),None—左边显示,Center—居中显示,Stretch—图片拉伸,Zoom—按比例放大
Enabled	获取或设置一个值,指示控件是否可对用户交互做出响应
FlatAppearance	获取用于指示选中状态和鼠标状态的边框外观和颜色
FlatStyle	获取或设置按钮控件的平面样式外观
Text	获取或设置与此控件关联的文本
TextAlign	获取或设置按钮控件上的文本对齐方式

Button 控件的最常用事件是 Click 事件,只要用户单击了按钮就会触发该事件。同样,在按钮得到焦点且按下 Enter 键时,也会触发 Click 事件。

在窗体上双击一个按钮,即可为该按钮创建 Click 事件处理函数框架。

【案例 5-2】 创建一个 Windows 应用程序的登录界面,界面效果如图 5-7 所示。设计步骤如下:

(1) 程序界面设计。

创建一个 Windows 应用程序,命名为 exp5-2。在 Form1 窗体中添加 2 个 Label 控件、2 个 TextBox 控件和 2 个 Button 控件。

(2) 窗体及控件属性设置。

窗体及控件的属性设置如表 5-11 所示。

表 5-11 窗体及控件属性设置

控　件　名	属　性　名	属　性　值
Form1	StartPosition	CenterScreen
	Text	用户登录
Label1	Text	用户名:
Label2	Text	密码:
Textbox2	PassWordChar	*
Button1	Text	登录
Button2	Text	退出

(3) 设计代码。

双击"登录"按钮,添加按钮的 Click 事件代码如下:

```
private void button1_Click(object sender, EventArgs e)
{
```

```
        MessageBox.Show(txtUserName.Text + "你好!欢迎使用本系统!");
}
```

双击"退出"按钮,添加按钮的 Click 事件代码如下:

```
private void button2_Click(object sender, EventArgs e)
{
        Application.Exit();
}
```

（4）执行程序。

按 F5 键或单击工具栏上的"启动调试" ▶ 按钮,程序开始运行,在文本框中输入用户名和密码后,单击"登录"按钮,运行结果如图 5-7 和图 5-8 所示。单击"退出"按钮,应用程序运行结束。

图 5-7　登录窗体启动

图 5-8　单击"登录"按钮结果

知识点3　选择类控件

1. RadioButton 控件

单选按钮控件 RadioButton 控件为用户提供由两个或多个互斥选项组成的选项集,当用户选中某个单选按钮时,同一组中的其他单选按钮不能同时被选中。

RadioButton 控件的常用属性及说明如表 5-12 所示。

表 5-12　RadioButton 控件常用属性及说明

属　性　名	说　　明
Appearance	获取或设置一个值,确定 RadioButton 控件的外观
AutoCheck	获取或设置一个值,指示当单击控件时,Checked 值以及该控件的外观是否自动改变
AutoEllipsis	获取或设置一个值,指示是否要在控件的右边缘显示省略号以表示控件文本超出指定的控件长度
CheckAlign	获取或设置 RadioButton 控件上的单选按钮的位置
Checked	获取或设置一个值,指示单选按钮是否已处于选中状态
Text	获取或设置与此控件关联的文本
TextAlign	获取或设置 RadioButton 控件上的文本对齐方式

RadioButton 控件的常用事件及说明如表 5-13 所示。

表 5-13　RadioButton 控件常用事件及说明

事　件　名	说　　明
CheckedChanged	当控件 Checked 属性值更改时发生
Click	当单击控件时发生

2. CheckBox 控件

复选框 CheckBox 控件列出了可供用户选择的选项,用户根据需要可以从中选择一项或多项。当某一项被选中后,左边的小方框 □ checkBox1 会加上对勾标志 ☑ checkBox1 。

CheckBox 控件的常用属性及说明如表 5-14 所示。

表 5-14　CheckBox 控件常用属性及说明

属　性　名	说　　明
Appearance	获取或设置一个值,确定复选框控件的外观
AutoCheck	获取或设置一个值,指示当单击某个 CheckBox 时,控件的外观是否自动改变
AutoEllipsis	获取或设置一个值,指示是否要在控件的右边缘显示省略号以表示控件文本超出指定的控件长度
CheckAlign	获取或设置 CheckBox 控件上的复选框的水平和垂直对齐方式
Checked	获取或设置一个值,指示复选框是否已处于选中状态
Text	获取或设置与此控件关联的文本
TextAlign	获取或设置 CheckBox 控件上的文本对齐方式

CheckBox 控件的常用事件及说明如表 5-15 所示。

表 5-15　CheckBox 控件常用事件及说明

事　件　名	说　　明
Click	当单击控件时发生
LinkClicked	当单击控件内的链接时发生

【**案例 5-3**】　创建一个 Windows 应用程序,在默认窗体中添加 1 个 Label 控件、1 个 Button 控件、2 个 RadioButton 控件、2 个 GroupBox 控件、4 个 CheckBox 控件。其中, RadioButton 控件作为性别的单选按钮,CheckBox 控件用来作为兴趣爱好的复选框。单击 Button 按钮,用消息框显示出兴趣爱好选择结果。程序运行结果如图 5-9 所示。设计步骤如下:

(1) 程序界面设计。

创建一个 Windows 应用程序并命名为 exp5-3。在 Form1 窗体中添加 1 个 Label 控件、1 个 Button 控件、2 个 RadioButton 控件、2 个 GroupBox 控件、4 个 CheckBox 控件,适当调整控件大小及位置。

(2) 窗体及控件属性设置。

窗体及控件的 Text 属性设置如图 5-10 所示,设置 RadioButton1 的 Checked 属性值为 True。

图 5-9 程序运行结果

图 5-10 程序运行初始界面

（3）设计代码。

打开 Form1 窗体，双击"提交"按钮，添加 Button1 按钮的 Click 事件代码如下：

```
private void button1_Click(object sender, EventArgs e)
{
    string name, sex, hobby = "";
    name = textBox1.Text;
    if (RadioButton1.Checked)
```

```
                sex = "先生";
        else
                sex = "女士";
            foreach(CheckBox ckb in groupBox2.Controls)
    //在 groupBox2 中遍历 CheckBox 控件
        {
            if(ckb.Checked)
                if (hobby == "")
                    hobby = checkBox3.Text;
                else
                    hobby += "、" + checkBox3.Text;
        }
        MessageBox.Show(name + sex + "的兴趣爱好是:\n\n" + hobby,"提交结果");
}
```

（4）执行程序。

按 F5 键或单击工具栏上的"启动调试"按钮，程序开始运行，运行结果如图 5-9 所示。

知识点 4   列表类控件

1. ListBox 控件

ListBox 控件也称为列表控件，它主要用于显示一个列表，用户可以从中选择一项或多项，如果选项总数超出可以显示的项数，则控件会自动添加滚动条。

ListBox 控件的常用属性及说明如表 5-16 所示。

表 5-16　ListBox 控件常用属性及说明

属 性 名	说　　明
BorderStyle	获取或设置在 ListBox 四周绘制的边框的类型
ColumnWidth	获取或设置多列 ListBox 中列的宽度
DataSource	获取或设置此 ListBox 的数据源
HorizontalScrollbar	获取或设置一个值，指示是否在控件中显示水平滚动条
Items	获取 ListBox 中项的集合
SelectedIndex	获取或设置 ListBox 中当前选定项的从零开始的索引
SelectedIndices	获取一个集合，该集合包含所有当前选定项的从零开始的索引
SelectedItem	获取或设置 ListBox 中的当前选定项
SelectedItems	获取包含 ListBox 中当前选定项的集合
SelectedValue	获取或设置由 ValueMember 属性指定的成员属性的值
SelectionMode	获取或设置一个值，指示列表框是单项选择、多项选择还是不可选择
Sorted	获取或设置一个值，指示控件中的项是否按字母顺序排列

ListBox 控件的常用方法及说明如表 5-17 所示。

表 5-17 ListBox 控件常用方法及说明

方 法 名	说 明
ClearSelected	取消选择 ListBox 中的所有项
FindString	查找 ListBox 中以指定字符串开头的第一个项
FindStringExact	查找 ListBox 中第一个精确匹配指定字符串的项
GetItemText	返回指定项的文本表示形式
IndexFromPoint	获取 ListBox 控件中鼠标所指向的项的从零开始的索引号
SetSelected	将指定的项设置为选中状态或为未被选中状态
Sort	对 ListBox 中的项排序

ListBox 控件的常用事件及说明如表 5-18 所示。

表 5-18 ListBox 控件常用事件及说明

事 件 名	说 明
SelectedIndexChanged	当 SelectedIndex 属性值更改时发生
SelectedValueChanged	当 SelectedValue 属性更改时发生

2. CheckedListBox 控件

复选框列表 CheckedListBox 控件实际上是对 ListBox 控件进行了扩展,它几乎能完成列表框可以完成的所有任务,并且还可以在列表中的项旁边显示复选标记。

CheckedListBox 控件的常用属性及说明如表 5-19 所示。

表 5-19 CheckedListBox 控件常用属性及说明

属 性 名	说 明
CheckedIndices	CheckedListBox 中选中索引的集合
CheckedItems	CheckedListBox 中选中项的集合
CheckOnClick	获取或设置一个值,指示当选定项时是否应切换复选框
HorizontalExtent	获取或设置 CheckedListBox 的水平滚动条可滚动的宽度
HorizontalScrollbar	获取或设置一个值,指示是否在控件中显示水平滚动条
Items	CheckedListBox 控件中列表项的集合
MultiColumn	获取或设置一个值,指示 CheckedListBox 是否支持多列
SelectedIndex	获取或设置 CheckedListBox 中当前选定项的从零开始的索引
SelectedIndices	获取一个集合,该集合包含所有当前选定项的从零开始的索引
SelectedItem	获取或设置 CheckedListBox 中的当前选定项
SelectedItems	获取包含 CheckedListBox 中当前选定项的集合
SelectedValue	获取或设置由 ValueMember 属性指定的成员属性的值
Sorted	获取或设置一个值,指示控件中的项是否按字母顺序排列
Text	获取或搜索 CheckedListBox 中当前选定项的文本

CheckedListBox 控件的常用方法及说明如表 5-20 所示。

表 5-20　CheckedListBox 控件常用方法及说明

方　法　名	说　明
ClearSelected	取消选择 CheckedListBox 中的所有项
GetItemChecked	返回指示指定项是否选中的值
GetItemCheckState	返回指示当前项的复选状态的值
GetItemText	返回指定项的文本表示形式
GetSelected	返回一个值,指示是否选定了指定的项
RefreshItems	再次分析所有 CheckedListBox 项,并获取这些项的新文本字符串
SetItemChecked	将指定索引处的项的 CheckState 设置为 Checked
SetItemCheckState	设置指定索引处的项的复选状态
Sort	对 CheckedListBox 中的项排序

CheckedListBox 控件的常用事件及说明如表 5-21 所示。

表 5-21　CheckedListBox 控件常用事件及说明

事　件　名	说　明
ItemCheck	当某项的选中状态更改时发生
SelectedIndexChanged	当 SelectedIndex 属性值更改时发生
SelectedValueChanged	当 SelectedValue 属性更改时发生

3. ComboBox 控件

ComboBox 控件又称为下拉组合框控件,和 ListBox 控件也比较相似,不同的是,前者是将其包含的项"隐藏"起来(后者是全部显示),通过单击下三角按钮来选择所需的项(只能选一项),被选中的项将在文本框中显示出来。

ComboBox 控件的常用属性及说明如表 5-22 所示。

表 5-22　ComboBox 控件常用属性及说明

属　性　名	说　明
DataSource	获取或设置此 ComboBox 的数据源
DisplayMember	获取或设置要为此 ComboBox 显示的属性
DropDownStyle	获取或设置指定组合框样式的值
FlatStyle	获取或设置此 ComboBox 的外观
Items	获取一个对象,此对象表示该控件所包含项的集合
MaxDropDownItems	获取或设置要在 ComboBox 的下拉部分中显示的最大项数
SelectedIndex	获取或设置当前选定项的从零开始的索引
SelectedItem	获取或设置 ComboBox 中的当前选定项
SelectedText	获取或设置 ComboBox 的可编辑部分中选定的文本
SelectedValue	获取或设置由 ValueMember 属性指定的成员属性的值
SelectionLength	获取或设置组合框可编辑部分中选定的字符数
SelectionStart	获取或设置组合框中选定文本的起始索引
Sorted	获取或设置一个值,指示是否对组合框中的项进行排序
Text	获取或设置控件可编辑区显示的文本

ComboBox 控件的常用方法及说明如表 5-23 所示。

表 5-23　ComboBox 控件常用方法及说明

方　法　名	说　　明
FindString	查找 ComboBox 中以指定字符串开头的第一个项
FindStringExact	查找 ComboBox 中第一个精确匹配指定字符串的项
GetItemText	返回指定项的文本表示形式

知识点 5　容器类控件

1. Panel 控件

Panel 控件又称面板控件,它的主要用途是为窗体上的控件提供可识别的分组,使窗体上的控件分类更清晰,便于用户理解。

Panel 控件的常用属性及说明如表 5-24 所示。

表 5-24　Panel 控件常用属性及说明

属　性　名	说　　明
AutoScroll	获取或设置一个值,指示容器是否允许用户滚动到任何放置在其可见边界之外的控件
AutoSize	获取或设置一个值,指示控件是否自动调整自身大小以适应其内容的大小
BorderStyle	指示控件的边框样式

2. GroupBox 控件

GroupBox 控件又称为分组框控件,它主要为其他控件提供分组,并且按照控件的分组来细分窗体的功能,其在所包含的控件集周围总是显示边框,而且可以显示标题,但是没有滚动条。

GroupBox 控件常用的属性及说明如表 5-25 所示。

表 5-25　GroupBox 控件常用属性及说明

属　性　名	说　　明
MaximumSize	指定控件的最大大小
MinimumSize	指定控件的最小大小
Text	获取或设置分组框控件的标题

单选按钮的一个特点是选择其中的一项后,其余的会自动取消选中。在实际应用中有时需要在同一窗体中建立若干组相对独立的单选按钮,此时使用 GroupBox 控件就可以将每一组单选按钮分隔开。在一个 GroupBox 内的单选按钮就自动成为一组,对它们的操作不会影响到 GroupBox 控件以外的单选按钮。此外,使用 GroupBox 控件将其他类型的控件框起来,还可以改善视觉效果的作用。比如在案例 5-3 的应用。

3. TabControl 控件

TabControl 控件又称为选项卡控件,它可以添加多个选项卡,然后可以在选项卡上添加子控件,这样就可以把窗体设计成多页,并且使窗体的功能划分为多个部分。选项卡控件的选项卡可以包含图片或其他控件。对于 TabControl 控件的使用,主要是通过对其属性的设置来实现,一般不需要编写事件代码。

TabControl 控件的常用属性及说明如表 5-26 所示。

表 5-26　GroupBox 控件常用属性及说明

属 性 名	说　明
Alignment	确定标签在控件中的显示位置,默认为控件的顶部
Appearance	获取或设置一个值,指示选项卡的样式是常规选项卡还是按钮
HotTrack	获取或设置一个值,指示鼠标滑过选项卡时其外观是否会改变
ImageList	获取或设置选项卡获取图像的 ImageList 对象
MultiLine	获取或设置一个值,指示是否允许多行选项卡
SelectedIndex	获取或设置当前选定的选项卡的索引值
SelectedTab	获取或设置当前选定的选项卡页
TabCount	获取选项卡控件中选项卡页的数目
TabPages	获取选项卡控件中选项卡页的集合

知识点 6　菜单与工具栏控件

1. MenuStrip 控件

菜单是 Windows 应用程序中重要的部分。MenuStrip 控件又称菜单控件,就是用来设计应用程序的菜单栏。

在"工具箱"的"菜单和工具栏"的分组中双击 MenuStrip 控件,即可在窗体的顶部建立一个菜单,窗体的底部显示出所创建的菜单控件的名称。把鼠标指针移到"请在此处键入"处,将会显示一个三角按钮,单击该三角按钮弹出一个下拉列表,其中包括 MenuItem、ComboBox 和 TextBox 3 个选项,如图 5-11 所示。

图 5-11　菜单项类型

在"请在此处键入"处单击,即可在该文本框中输入菜单项的标题,如图 5-12 所示。也可以通过在菜单控件上右击,打开菜单控件的快捷菜单,如图 5-13 所示,选取"编辑项"命令,打开"菜单项合集编辑器"对话框,完成菜单编辑。

图 5-12 输入菜单项　　　　　　　　　　　图 5-13 菜单项合集编辑

输入菜单项的标题时,在某个字符前加"&",例如"文件(&F)"后,菜单中会显示"文件(F)","&"被识别为确认快捷键的字符,即通过键盘上的 Alt＋F 组合键就可以打开该菜单。

MenuStrip 控件实际是由 ToolStripMenuItem、ToolStripSeparator 或 ToolStripDropDown 控件组成的。MenuStrip 控件和每个菜单项的属性都可以通过"属性"面板设置。

MenuStrip 控件和菜单项的常用属性及说明如表 5-27 和表 5-28 所示。

表 5-27　MenuStrip 控件常用属性及说明

属 性 名	说　明
Items	获取或设置 MenuStrip 控件上显示的项的集合
ShowItemToolTips	获取或设置一个值,指示是否显示菜单项的 ToolTip

表 5-28　菜单项控件常用属性及说明

属 性 名	说　明
Checked	获取或设置一个值,指示菜单项是否被选中
CheckedOnClick	获取或设置一个值,指示在单击菜单项时该项是否应切换其选中状态
Enable	获取或设置一个值,指示是否启用该菜单项
ShortcutKeys	设置与菜单项相关的快捷键

菜单最常用的事件是 Click 事件。一般情况下,只需为菜单项的 Click 事件编写代码。例如双击图 5-12 的"文件"菜单后,系统将打开代码窗口,可以看到菜单项的 Click 事件处理代码的格式如下:

```
private void 文件 ToolStripMenuItem_Click(object sender, EventArgs e)
{
//在此添加代码
}
```

2. ContextMenuStrip 控件

使用 MenuStrip 控件制作的下拉式菜单一般位于窗口的顶部,用户需要不断移动鼠标来选择命令。而 ContextMenuStrip 控件可以用来制作快捷菜单,也叫弹出式菜单,即右击弹出来的菜单。

ContextMenuStrip 控件的属性与 MenuStrip 控件类似。所不同的是,快捷菜单创建完成后,需指定该快捷菜单属于哪个窗体或控件。这时只需设置快捷菜单所属窗体或控件的 ContextMenuStrip 属性即可。

【**案例 5-4**】 创建一个 Windows 窗体应用程序,在默认窗体中设计一个菜单,包括“样式”和“颜色”两个标题项,窗体中有一个标签,使用菜单可以对标签的边框样式和文字颜色进行设置。菜单中各项的标题如图 5-14 所示。为标签添加一个快捷菜单,程序运行后在标签上右击,弹出快捷菜单。设计步骤如下:

图 5-14 菜单效果

（1）程序界面设计。

创建一个 Windows 应用程序,命名为 exp5-4。在 Form1 窗体中添加 1 个 MenuStrip 控件、1 个 ContextMenuStrip 控件和 1 个 Label 控件。

（2）窗体及控件属性设置。

设置窗体的 TextBox 属性为“菜单应用”,标签的 Text 属性为“欢迎进入 VC.Net 的世界”,单击 Font 属性右侧的按钮,在打开的“字体”对话框中设置“隶书”“四号”。在菜单设计器中依次输入各菜单标题及菜单项的文本,其属性设置如表 5-29 所示。

表 5-29 菜单项的属性及说明

菜　　单	Name	Text	说　　明
MenuStrip	样式 ToolStripMenuItem	样式(&S)	“样式”菜单标题项
	单框线 ToolStripMenuItem	单框线	菜单项
	立体框 ToolStripMenuItem	立体框	菜单项
	无框线 ToolStripMenuItem	无框线	菜单项
	颜色 ToolStripMenuItem	颜色(&C)	“样式”菜单标题项
	红色 ToolStripMenuItem	红色	菜单项
	绿色 ToolStripMenuItem	绿色	菜单项
	蓝色 ToolStripMenuItem	蓝色	菜单项

菜　　单	Name	Text	说　　明
ContextMenuStrip	单框线 ToolStripMenuItem	—	菜单项
	立体框 ToolStripMenuItem	—	菜单项
	无框线 ToolStripMenuItem	—	菜单项
	toolStripSeparator1	—	分隔条
	红色 ToolStripMenuItem	红色	菜单项
	绿色 ToolStripMenuItem	绿色	菜单项
	蓝色 ToolStripMenuItem	蓝色	菜单项

（3）设计代码。

首先，为 MenuStrip 菜单控件的各项添加代码。

双击"单框线"菜单项，添加该菜单项的 Click 事件代码如下：

```
private void 单框线 ToolStripMenuItem_Click(object sender, EventArgs e)
{
    label1.BorderStyle = BorderStyle.FixedSingle;

}
```

双击"立体框"菜单项，添加该菜单项的 Click 事件代码如下：

```
private void 立体框 ToolStripMenuItem_Click(object sender, EventArgs e)
{
    label1.BorderStyle = BorderStyle.Fixed3D;
}
```

双击"无框线"菜单项，添加该菜单项的 Click 事件代码如下：

```
private void 无框线 ToolStripMenuItem_Click(object sender, EventArgs e)
{
    label1.BorderStyle = BorderStyle.None;
}
```

双击"红色"菜单项，添加该菜单项的 Click 事件代码如下：

```
private void 红色 ToolStripMenuItem_Click(object sender, EventArgs e)
{
    label1.ForeColor = Color.Red;
}
```

双击"绿色"菜单项，添加该菜单项的 Click 事件代码如下：

```
private void 绿色 ToolStripMenuItem_Click(object sender, EventArgs e)
{
    label1.ForeColor = Color.Green;
}
```

双击"蓝色"菜单项，添加该菜单项的 Click 事件代码如下：

```
private void 蓝色 ToolStripMenuItem_Click(object sender, EventArgs e)
```

```
    {
        label1.ForeColor = Color.Blue;
    }
```

然后,为 ContextMenuStrip 快捷菜单的各项添加代码。由于快捷菜单实现的功能与 MenuStrip 菜单中各项的功能一致,所以可以在菜单项的 Click 事件处理函数中调用 MenuStrip 菜单中对应的事件处理函数。

双击快捷菜单中"单框线"菜单项,添加该菜单项的 Click 事件代码如下:

```
private void 单框线 ToolStripMenuItem1_Click(object sender, EventArgs e)
{
    单框线 ToolStripMenuItem_Click(sender,e);   //调用 MenuStrip 中"单框线"菜单项的 Click
                                               //事件处理函数
}
```

双击快捷菜单中"立体框"菜单项,添加该菜单项的 Click 事件代码如下:

```
private void 立体框 ToolStripMenuItem1_Click(object sender, EventArgs e)
{
    立体框 ToolStripMenuItem_Click(sender, e);   //调用 MenuStrip 中"立体框"菜单项的 Click
                                               //事件处理函数
}
```

双击快捷菜单中"无框线"菜单项,添加该菜单项的 Click 事件代码如下:

```
private void 无框线 ToolStripMenuItem1_Click(object sender, EventArgs e)
{
    无框线 ToolStripMenuItem_Click(sender, e);   //调用 MenuStrip 中"无框线"菜单项的 Click
                                               //事件处理函数
}
```

双击快捷菜单中"红色"菜单项,添加该菜单项的 Click 事件代码如下:

```
private void 红色 ToolStripMenuItem1_Click(object sender, EventArgs e)
{
    红色 ToolStripMenuItem_Click(sender, e);   //调用 MenuStrip 中"红色"菜单项的 Click 事
                                              //件处理函数
}
```

双击快捷菜单中"绿色"菜单项,添加该菜单项的 Click 事件代码如下:

```
private void 绿色 ToolStripMenuItem1_Click(object sender, EventArgs e)
{
    绿色 ToolStripMenuItem_Click(sender, e);   //调用 MenuStrip 中"绿色"菜单项的 Click 事
                                              //件处理函数
}
```

双击快捷菜单中"蓝色"菜单项,添加该菜单项的 Click 事件代码如下:

```
private void 蓝色 ToolStripMenuItem1_Click(object sender, EventArgs e)
{
    蓝色 ToolStripMenuItem_Click(sender, e);   //调用 MenuStrip 中"蓝色"菜单项的 Click 事
                                              //件处理函数
}
```

（4）执行程序。

按 F5 键或单击工具栏上的"启动调试"按钮，程序开始运行，运行结果如图 5-15 所示。单击"样式"菜单中的不同菜单项，标签的边框样式将改变。例如，单击"单框线"菜单项，标签边框变成单线样式，如图 5-16 所示。单击"颜色"菜单中的不同菜单项，标签中文字的颜色也将相应改变。

图 5-15　窗体启动

图 5-16　单线框样式

3. ToolStrip 控件

ToolStrip 控件又称工具栏控件，使用它可以创建具有 Microsoft、WindowsXP、Microsoft Office、Microsoft Internet Explorer 或自定义的外观和行为的工具栏及其他用户界面元素。这些元素支持溢出及运行时项重新排序。ToolStrip 控件提供丰富的设计时体验，包括就地激活和编辑、自定义布局、漂浮（即工具栏共享水平或垂直空间的能力）。

ToolStrip 控件的常用属性及说明如表 5-30 所示。

表 5-30　ToolStrip 控件常用属性及说明

属　性　名	说　　明
AllowItemReorder	获取或设置一个值，指示当按下 Alt 键时，是否运行对项重新排列
Dock	获取或设置一个值，指示工具栏在窗体中的位置
ImageList	获取或设置包含 ToolStrip 项上显示的图像的图像列表
Items	获取属于 ToolStrip 的所有项
LayoutStyle	获取或设置一个值，指示工具栏中项的布局方向
ShowItemToolTips	获取或设置一个值，指示是否要在 ToolStrip 项上显示工具提示

在窗体上添加工具栏控件后，单击控件中的 ▾ 按钮，在下拉菜单中有 8 种不同的项类型，如图 5-17 所示。用户可根据需要选择相应类型的按钮。

- Button：包含文本和图像中可让用户选择的项；
- Label：包含文本和图像的项，不可以让用户选择，可以显示超链接；
- SplitButton：在 Button 的基础上增加了一个下拉菜单；
- DropDownButton：用于下拉菜单选择项；

图 5-17　工具项类型

- Separator：分隔符；
- ComboBox：显示一个 ComboBox 的项；
- TextBox：显示一个 TextBox 的项；
- ProgressBar：显示一个 ProgressBar 的项。

工具栏中的按钮默认只显示图像，若要以其他方式显示(比如只显示文本、同时显示文本和图像等)，可以在工具栏按钮上右击，弹出快捷菜单，选择 DisplayStyle 菜单项下的子菜单项。在工具栏按钮上右击，在弹出的快捷菜单中选择"设置图像"选项，可以设置按钮要显示的图像。

【案例 5-5】　为案例 5-4 应用程序设计一个工具栏，其中包括样式和颜色设置的按钮。其中样式设置按钮为下拉菜单形式，与颜色按钮之间有分割线。程序运行时单击工具栏上的某个按钮是可以执行相应的菜单项命令。设计步骤如下：

(1) 程序界面设计。

打开案例 5-4 中的项目 exp5-4，在窗体中添加一个工具栏控件 ToolStrip1，单击工具栏上的 ▾ 按钮，打开按钮类型列表，依次选择 1 个 SplitButton(下拉菜单)、1 个 Separator(分割线)和 3 个 Button 按钮。

(2) 工具按钮属性设置。

分别选定工具栏上的按钮，依次设置按钮的 Name 属性、Image 属性、ToolTipTextBox 属性，每个按钮各个属性值如表 5-31 所示。

表 5-31　工具栏按钮的属性设置

对　　象	属　　性	属　性　值
"样式"按钮	Name	btnStyle
	Image	System. Drawing. Bitmap
	ToolTipText	样式
"单框线"按钮	Name	btnSingle
	Text	单框线
"立体框"按钮	Name	btn3D
	Text	立体框
"无框线"按钮	Name	btnNone
	Text	无框线
"红色"按钮	Name	btnRed
	Image	System. Drawing. Bitmap
	ToolTipText	红色
"绿色"按钮	Name	btnGreen
	Image	System. Drawing. Bitmap
	ToolTipText	绿色
"蓝色"按钮	Name	btnBlue
	Image	System. Drawing. Bitmap
	ToolTipText	蓝色

(3) 设计代码。

双击工具栏上的按钮或按钮的菜单项，即可打开代码窗口编辑该按钮或菜单选项的

Click 事件代码。

"单框线"菜单项的 Click 事件代码如下：

```
private void btnSingle_Click(object sender, EventArgs e)
{
    单框线 ToolStripMenuItem_Click(sender, e);  //调用 MenuStrip 中"单框线"菜单项的 Click
                                                //事件处理函数
}
```

"立体框"菜单项的 Click 事件代码如下：

```
private void btn3D_Click(object sender, EventArgs e)
{
    立体框 ToolStripMenuItem_Click(sender, e);  //调用 MenuStrip 中"立体框"菜单项的 Click
                                                //事件处理函数
}
```

"无框线"菜单项的 Click 事件代码如下：

```
private void btnNone_Click(object sender, EventArgs e)
{
    无框线 ToolStripMenuItem_Click(sender, e);  //调用 MenuStrip 中"无框线"菜单项的 Click
                                                //事件处理函数
}
```

"红色"按钮的 Click 事件代码如下：

```
private void toolStripButton1_Click(object sender, EventArgs e)
{
    红色 ToolStripMenuItem_Click(sender, e);   //调用 MenuStrip 中"红色"菜单项的 Click 事
                                               //件处理函数
}
```

"绿色"按钮的 Click 事件代码如下：

```
private void btnGreen_Click(object sender, EventArgs e)
{
    绿色 ToolStripMenuItem_Click(sender, e);   //调用 MenuStrip 中"绿色"菜单项的 Click 事
                                               //件处理函数
}
```

"蓝色"按钮的 Click 事件代码如下：

```
private void btnBlue_Click(object sender, EventArgs e)
{
    蓝色 ToolStripMenuItem_Click(sender, e);   //调用 MenuStrip 中"蓝色"菜单项的 Click 事
                                               //件处理函数
}
```

（4）执行程序。

按 F5 键或单击工具栏上的"启动调试"按钮，程序开始运行，如图 5-18 所示。单击工具栏上的按钮就会执行相应的菜单功能。

图 5-18   程序运行结果

4. StatusStrip 控件

StatusStrip 控件又称状态栏控件,它在窗体中作为一个区域使用,此区域通常显示在窗口底部,应用程序可以在这里显示各种状态信息。StatusStrip 控件上通常有 ToolStripStatusLabel 控件,用于显示指示状态的文本或图标;或者可以用图形显示进程完成状态的 ToolStripProgressBar。

StatusStrip 控件的常用属性及说明如表 5-32 所示。

表 5-32   StatusStrip 控件常用属性及说明

属 性 名	说 明
Dock	获取或设置一个值,指示状态栏在窗体中的位置,默认在窗体底部
Items	获取属于 ToolStrip 的所有项
LayoutStyle	获取或设置一个值,指示状态栏的布局方向
ShowItemToolTips	获取或设置一个值,指示默认情况下是否显示状态栏的工具提示

在窗体上添加 StatusStrip 栏控件后,单击控件中的 ▼ 按钮,在下拉菜单中有 4 种不同的项类型,如图 5-19 所示。用户可根据需要选择相应类型的按钮。状态栏中显示的信息可以通过设置相应按钮项的 Text 属性来实现。

【案例 5-6】   为案例 5-5 应用程序添加一个包含两个面板的状态栏:一个面板显示当前标签边框样式,另一个面板显示标签文字的颜色。程序运行后的界面如图 5-20 所示。设计步骤如下:

图 5-19   状态栏项的 4 种类型

图 5-20   程序运行结果

(1)程序界面设计。

打开案例 5-5 中的项目,在窗体中添加一个 StatusStrip 控件。右击该控件,在弹出的快捷菜单中选择"编辑项"命令,打开项集合编辑器,在编辑器中添加 toolStripStatusLabel1 和 toolStripStatusLabel2。

(2)工具按钮属性设置。

在项集合编辑器左侧选中 toolStripStatusLabel1,修改其 Name 属性为 lblStyle,Text 属性为"样式",如图 5-21 所示。用相同的方法修改 toolStripStatusLabel2 的 Name 属性为

lblColor，Text 属性值为"颜色"。

图 5-21 项集合编辑器

（3）设计代码。

按 F7 键进入代码窗口，只需在主菜单相应的菜单项的 Click 事件代码行中添加输出信息到状态栏面板的代码即可，其余代码不变。以下是修改后的事件代码。

"单框线"菜单项的 Click 事件代码如下：

```
private void 单框线 ToolStripMenuItem_Click(object sender, EventArgs e)
{
    label1.BorderStyle = BorderStyle.FixedSingle;
    lblStyle.Text = "单框线";      //新增在状态栏面板显示窗体标签边框样式语句
}
```

"立体框"菜单项的 Click 事件代码如下：

```
private void 立体框 ToolStripMenuItem_Click(object sender, EventArgs e)
{
    label1.BorderStyle = BorderStyle.Fixed3D;
    lblStyle.Text = "立体框";      //新增在状态栏面板显示窗体标签边框样式语句
}
```

"无框线"菜单项的 Click 事件代码如下：

```
private void 无框线 ToolStripMenuItem_Click(object sender, EventArgs e)
{
    label1.BorderStyle = BorderStyle.None;
    lblStyle.Text = "无框线";      //新增在状态栏面板显示窗体标签边框样式语句
}
```

"红色"按钮的 Click 事件代码如下：

```
private void 红色ToolStripMenuItem_Click(object sender, EventArgs e)
{
    label1.ForeColor = Color.Red;
    lblColor.Text = "红色";           //新增在状态栏面板显示窗体标签文本颜色语句
}
```

"绿色"按钮的 Click 事件代码如下：

```
private void 绿色ToolStripMenuItem_Click(object sender, EventArgs e)
{
    label1.ForeColor = Color.Green;
    lblColor.Text = "绿色";           //新增在状态栏面板显示窗体标签文本颜色语句
}
```

"蓝色"按钮的 Click 事件代码如下：

```
private void 蓝色ToolStripMenuItem_Click(object sender, EventArgs e)
{
    label1.ForeColor = Color.Blue;
    lblColor.Text = "蓝色";           //新增在状态栏面板显示窗体标签文本颜色语句
}
```

（4）执行程序。

按 F5 键或单击工具栏上的"启动调试"按钮，程序开始运行，通过在主菜单或工具栏中选择"样式"中的"单框线"和"颜色"中的绿色，运行结果如图 5-20 所示。

知识点 7　对话框

对话框是 Windows 应用程序中应用非常多的一个工具。比如 Microsoft Word 的"打开"对话框和"字体"对话框等。VS 2010 在工具箱的"对话框"和"打印"选项卡中提供了一组基于 Windows 的标准对话框控件，包括打开（OpenFileDialog）、保存（SaveFileDialog）、颜色（ColorDialog）、字体（FontDialog）以及打印（PrintDialog）对话框等，方便用户可视化设计。

对话框常用于从用户处获取一般性的信息，例如，从"打开文件"对话框获取文件名，从"字体"对话框获取字体、字号等。通用对话框是 Windows 操作系统的一部分，它们具有一些相同的方法和事件，如表 5-33 所示。

表 5-33　对话框的通用方法和事件

通用方法和事件	说　明
ShowDialog()方法	显示对话框，该方法返回一个 DialogResult 枚举。该枚举定义了成员 Abort、Cancel、Ignore、No、None、OK、Retry 和 Yes
Reset()方法	将对话框的所有属性设置为其默认值
HelpRequest 事件	当用户单击对话框上的"帮助"按钮时触发该事件

1. OpenFileDialog 控件

OpenFileDialog 控件又称"打开文件"对话框，用户可以使用该对话框指定一个或多个要打开文件的文件名。

OpenFileDialog 控件常用的属性及说明如表 5-34 所示。

表 5-34　OpenFileDialog 控件常用属性及说明

属　性　名	说　　明
FileName	获取或设置一个包含在文件对话框中选定的文件名的字符串
FileNames	获取对话框中所有选定文件的文件名
Filter	获取或设置当前文件名筛选器字符串,该字符串决定了哪些类型的文件能在对话框中可见
InitialDirectory	获取或设置文件对话框显示的初始目录
Multiselect	获取或设置一个值,指示对话框是否允许选择多个文件
RestoreDirectory	获取或设置一个值,指示对话框在关闭前是否还原当前目录
SafeFileName	获取对话框中所选文件的文件名和扩展名,文件名不包含路径
SafeFileNames	获取对话框中所有选定文件的文件名和扩展名的数组,文件名不包含路径
Title	获取或设置文件对话框标题

2. SaveFileDialog 控件

SaveFileDialog 控件又称"另存为"对话框,用户可以使用该对话框指定要将文件另存为的文件名。

"另存为"对话框的一些属性与"打开文件"对话框的属性相同,SaveFileDialog 控件常用的属性及说明如表 5-35 所示。

表 5-35　SaveFileDialog 控件常用属性及说明

属　性　名	说　　明
AddExtension	获取或设置一个值,指示如果用户省略了扩展名,对话框是否自动在文件名后添加扩展名
CheckFileExists	获取或设置一个值,指示如果用户指定不存在的文件名,对话框是否显示警告
CheckPathExists	获取或设置一个值,指示如果用户指定不存在的路径,对话框是否显示警告
CreatePrompt	获取或设置一个值,指示如果用户指定不存在的文件,对话框是否提示用户允许创建该文件
DefaultExt	获取或设置文件默认扩展名
Title	获取或设置对话框标题

3. FolderBrowserDialog 控件

FolderBrowserDialog 控件又称"文件夹浏览"对话框,它主要用来提示用户选择文件夹。FolderBrowserDialog 控件的常用属性及说明如表 5-36 所示。

表 5-36　FolderBrowser 控件常用属性及说明

属　性　名	说　　明
Description	获取或设置在对话框的树视图控件上显示的说明文本
RootFolder	获取或设置从其开始浏览的根文件夹
SelectedPath	获取或设置用户选定的路径
ShowNewFolderButton	获取或设置一个值,指示"新建文件夹"按钮是否显示在文件夹浏览对话框中

4．FontDialog 控件

FontDialog 控件又称"字体"对话框，它可以显示系统当前安装的字体，用户可以通过此对话框选定指定字体。默认情况下，"字体"对话框显示的内容如图 5-22 所示。

图 5-22　字体对话框

FontDialog 控件的常用属性及说明如表 5-37 所示。

表 5-37　FontDialog 控件常用属性及说明

属 性 名	说 明
Color	获取或设置选定字体的颜色
Font	获取或设置选定的字体
MaxSize	获取或设置用户可选择的最大磅值
MinSize	获取或设置用户可选择的最小磅值
ShowColor	获取或设置一个值，指示对话框是否显示颜色选择
ShowEffects	获取或设置一个值，指示对话框是否包含允许用户指定删除线、下画线和文本颜色选项的控件

5．ColorDialog 控件

ColorDialog 控件又称"颜色"对话框，其功能是弹出系统自带的调色板，让用户选择颜色或者自定义颜色。

ColorDialog 控件的常用属性及说明如表 5-38 所示。

表 5-38　ColorDialog 控件常用属性及说明

属 性 名	说 明
AllowFullOpen	获取或设置一个值，指示用户是否可以使用该对话框定义自定义颜色
AnyColor	指示对话框是否显示基本颜色集中可用的所有颜色
Color	获取或设置用户选定的颜色

属 性 名	说 明
CustomColors	获取或设置对话框中显示的自定义颜色集
FullOpen	获取或设置一个值,指示用于创建自定义颜色的控件在对话框打开时是否可见
ShowHelp	获取或设置一个值,指示在颜色对话框中是否显示"帮助"按钮
SolidColorOnly	获取或设置一个值,指示对话框是否限制用户只选择纯色

6. 基于 MessageBox 类的消息对话框

MessageBox 类的消息对话框是一种"轻便"消息对话框,如果交互性要求不是很强,那么利用它来实现信息提示是非常方便的。

MessageBox 类提供静态方法——Show()方法来显示消息对话框。Show()方法是一个重载的方法,一共有 21 个实现版本。下面举例介绍几个常用的版本。

(1) DialogResult MessageBox. Show(string text)

text:要在消息框中显示的文本。

例如:

```
MessageBox.Show("我要去参观上海世博会!");
```

显示效果如图 5-23 所示。

(2) DialogResult MessageBox. Show(string text,string caption)

caption:要在消息框的标题栏中显示的文本。

例如:

```
MessageBox.Show("我要去参观上海世博会!","上海世博会");
```

显示效果如图 5-24 所示。

图 5-23 消息框

图 5-24 带标题消息框

(3) DialogResult MessageBox. Show(string text,string caption,MessageButtons buttons)

参数 text 和 caption 的含义同上,参数 buttons 用于决定要在对话框中显示哪些按钮,该参数的取值及其作用说明如表 5-39 所示。

表 5-39 参数 buttons 取值及作用说明

参数 buttons 的值	作 用
MessageBoxButtons. AbortRetryIgnore	消息框包含"中止""重试"和"忽略"按钮,返回值为 DialogResult . Abort、DialogResult. Retry 和 DialogResult. Ignore

续表

参数 buttons 的值	作　　用
MessageBoxButtons. OK	消息框包含"确定"按钮,返回值为 DialogResult. OK
MessageBoxButtons. OKCancel	消息框中包含"确定"和"取消"按钮,返回值为 DialogResult. OK和DialogResult. Cancel
MessageBoxButtons. RetryCancel	消息框包含"重试"和"取消"按钮,返回值为 DialogResult. Retry和DialogResult. Cancel
MessageBoxButtons. YesNo	消息框包含"是"和"否"按钮,返回值为 DialogResult. Yes和DialogResult. No
MessageBoxButtons. YesNoCancel	消息框包含"是""否"和"取消"按钮,返回值为 DialogResult. Yes、DialogResult. No和DialogResult. Cancel

例如:

```
MessageBox.Show("我要去参观上海世博会!", "上海世博会", MessageBoxButtons.YesNo);
```

显示效果如图 5-25 所示。

(4) DialogResult MessageBox. Show(string text,string caption,MessageButtons buttons,MessageBoxIcon icon)

图 5-25　带标题消息框

该实现版本多了参数 icon,它用于决定在对话框左边要显示的图标。其可能的取值及含义如表 5-40 所示。

表 5-40　参数 icon 取值及其含义

参数 buttons 的值	作　　用	参数 buttons 的值	作　　用
MessageBoxIcon. Asterisk MessageBoxIcon. Information	ⓘ	MessageBoxIcon. Exclamation MessageBoxIcon. Warning	⚠
MessageBoxIcon. Question	❓	MessageBoxIcon. None	不显示图标
MessageBoxIcon. Error MessageBoxIcon. Stop MessageBoxIcon. Hand	✖		

例如:

```
MessageBox.Show("你要去参观上海世博会吗?","上海世博会", MessageBoxButtons.YesNoCancel,
MessageBoxIcon.Question);
```

显示效果如图 5-26 所示。

图 5-26　带图标消息框

知识点 8　计时器、进度条、图像组件

1. Timer 组件

Timer 组件又称"计时器"组件，通过定期引发其事件，可以有规律地隔一段时间执行一次代码。时间间隔的长度由其 Interval 属性定义，其值以毫秒为单位。如果启动了计时器组件，则每个时间间隔引发一次 Tick 事件。

Timer 组件的常用属性及说明如表 5-41 所示。

表 5-41　Timer 组件常用属性及说明

属　性　名	说　　　明
Enabled	获取或设置计时器是否正在运行
Interval	获取或设置在相对于上一次发生的 Tick 事件引发 Tick 事件之前的时间（以毫秒为单位）

Timer 组件的常用方法及说明如表 5-42 所示。

表 5-42　Timer 组件常用方法及说明

方　法　名	说　　　明
Start	启动计时器
Stop	停止计时器

Timer 组件只有一个 Tick 事件，该事件在 Timer 组件被启动后每当经过指定的时间间隔发生。

实际上，.NET 类库中提供了 3 种计时器：一是 System.Windows.Forms 命名空间下的 Timer 控件；二是 System.Timers 命名空间下的 Timer 类；三是 System.Threading.Timer 类。本章介绍的主要是第一种计时器。

【案例 5-7】　在案例 5-6 的应用程序默认窗体中添加一个 Timer 组件，在状态栏中增加一个标签面板，程序运行时面板中动态显示当前系统时间。程序运行界面如图 5-27 所示。实现步骤如下：

（1）程序界面设计。

打开应用程序 exp5-4，打开 Form1 窗体，添加一个 Timer 组件。打开状态栏控件的项集合编辑器，增加一个 ToolStripStatusLabel 项。

（2）属性设置。

设置 ToolStripStatusLabel 项的 Name 属性为 lblDtime，TextBox 属性为"时间"，效果如图 5-28 所示。设置 Timer 组件的 Interval 属性值为 1000，Enable 属性值为 True。

（3）设计代码。

双击 Timer 组件，添加该组件的 Tick 事件代码如下：

```
private void timer1_Tick(object sender, EventArgs e)
{
    lblDTime.Text = DateTime.Now.ToShortTimeString();
}
```

图 5-27　程序运行结果

图 5-28　窗体设计效果

（4）执行程序。

按 F5 键或单击工具栏上的"启动调试"按钮，程序开始运行，运行效果如图 5-27 所示。

2. PictureBox 控件

PictureBox 控件又称"图片框"控件，通常使用 PictureBox 来显示位图、元文件、图标、JPEG、GIF 或 PNG 文件中的图形。

PictureBox 控件的常用属性及说明如表 5-43 所示。

表 5-43　PictureBox 控件常用属性及说明

属　性　名	说　　　明
BorderStyle	指示控件的边框样式
ErrorImage	获取或设置在图像加载过程中发生错误时，或者图像加载取消时要显示的图像
Image	获取或设置由 PictureBox 显示的图像
ImageLocation	获取或设置要在 PictureBox 中显示的图像的路径或 URL
InitialImage	获取或设置在加载主图像时显示在 PictureBox 控件中的图像
SizeMode	指示如何显示图像

其中，SizeMode 属性有 5 种枚举值。

- Normal：默认值，图像定位在 PictureBox 控件的左上角，如果图像比包含它的 PictureBox 大，那么超出的部分都将被剪裁掉。
- StretchImage：图像将拉伸或缩小以适合 PictureBox 控件。
- AutoSize：调整 PictureBox 控件的大小以便始终适合图像。
- CenterImage：图像将在工作区中居中。
- Zoom：图像将拉伸或收缩以适合 PictureBox 控件，但是仍保持原始纵横比。

PictureBox 控件的常用方法及说明如表 5-44 所示。

表 5-44　PictureBox 组件常用方法及说明

方　法　名	说　　　明
Load	在 PictureBox 中显示图像
LoadAsync	异步加载图像

3. ImageList 组件

ImageList 组件又称图像列表组件,可以用来存储图片资源并在控件上显示出来。ImageList 组件的主要属性是 Images,它包含关联控件将要使用的图片,每个单独的图像可以通过其索引值或键值来访问。所有图像以同样的大小显示,大小由 ImageSize 属性设置,较大的图片将缩小至适当的尺寸。

ImageList 组件的常用属性及说明如表 5-45 所示。

表 5-45 ImageList 控件常用属性及说明

属 性 名	说 明
ColorDepth	获取图像列表的颜色深度
Images	获取此图像列表的 ImageList. ImageCollection
ImageSize	获取或设置图像列表中的图像大小
ImageStream	获取与此图像列表关联的 ImageListStreamer

4. ProgressBar 控件

ProgressBar 控件又称进度条控件,通常用它来指示工作的进度。它通过在水平框中显示方块来指示工作进度,当工作完成时,进度条被填满。

ProgressBar 控件的常用属性及说明如表 5-46 所示。

表 5-46 ProgressBar 控件常用属性及说明

属 性 名	说 明
MarqueeAnimationSpeed	获取或设置进度块在进度栏内滚动所用的时间段,以毫秒为单位
Maximum	获取或设置控件范围的最大值
Minimum	获取或设置控件范围的最小值
Step	获取或设置调用 PerformStep 方法增加进度栏的当前位置时所根据的数量
Style	获取或设置在进度栏上指示进度应使用的方式
Value	获取或设置进度栏的当前位置

ProgressBar 控件的常用方法及说明如表 5-47 所示。

表 5-47 ProgressBar 控件常用方法及说明

方 法 名	说 明
Increment	按指定的数量增加进度栏的当前位置
PerformStep	按照 Step 属性的数量增加进度栏的当前位置

【案例 5-8】 创建一个 Windows 应用程序,利用 PictureBox 控件和 ImageList 组件显示图片。程序运行结果如图 5-29 所示。设计步骤如下:

(1) 程序界面设计。

创建一个 Windows 窗体应用程序,命名为 exp5-8,在 Form1 窗体上添加 1 个 PictureBox 控件、2 个 Button 控件和 1 个 ImageList 组件。

（2）属性设置。

窗体控件属性如表 5-48 所示，效果如图 5-30 所示。

图 5-29　程序运行结果　　　　　　　图 5-30　窗体界面设计

表 5-48　控件属性设置

对　象　名	属　性　名	属　性　值
Form1	Text	简易图片浏览器
Button1	Name	btnPre
	Text	上一张
Button2	Name	btnNext
	Text	下一张
PictureBox	Size	200,250
ImageList	Size	200,250
	Images	选定图片文件

（3）设计代码。

本程序主要对两个 Button 按钮的 Click 事件编写代码。在 Form1 窗体的设计视图下，双击"上一张"按钮，打开代码编辑窗口，为按钮的 Click 事件编写如下代码：

```
private void btnPre_Click(object sender, EventArgs e)
{
    if(btnNext.Enabled == false)        //若"下一张"按钮为"不可用"状态
        btnNext.Enabled = true;         //则设为"可用"
    //将 Imagelist 中的图片显示到 PictureBox 中
    pictureBox1.Image = imageList1.Images[ -- i];
    if(i == 0)                          //若已浏览到第一张图片,令"上一张"按钮不可用
        btnPre.Enabled = false;
}
```

"下一张"按钮的 Click 事件代码如下：

```
private void btnNext_Click(object sender, EventArgs e)
{
    if (btnPre.Enabled == false)          //若"上一张"按钮为"不可用"状态
        btnPre.Enabled = true;            //则设为"可用"
    pictureBox1.Image = imageList1.Images[++i];
    //若已浏览到最后一张图片,令"下一张"按钮不可用
    if (i == imageList1.Images.Count - 1)
        btnNext.Enabled = false;
}
```

（4）执行程序。

按 F5 键或单击工具栏上的"启动调试"按钮,程序开始运行,单击"上一张"或"下一张"按钮,实现切换图片框中的图片,当浏览到第一张图片时,"上一张"按钮不可用;同理,浏览到最后一张图片时,"下一张"按钮不可用,运行效果如图 5-29 所示。

任务1　制作个人信息登记程序

■ 任务分析

公司要应聘者小张制作一个简单的信息登记程序,能够登记个人的"姓名""性别""学历""个人爱好"等信息。

◆ 任务实施

【步骤1】　界面设计及属性设置。

（1）启动 VS 2010,新建一个 Windows 窗体应用程序 MyInfo。

（2）在窗体上添加一个 tabControl 控件。在 TabControl 控件的"属性"面板中设置该控件的 Dock 属性值为 fill;选择 TabPages 属性,单击其右侧的按钮 即可打开"TabPage 集合编辑器"对话框,如图 5-31 所示,分别选中左侧成员列表中的 tabPage1 选项卡,在右侧的属性列表中设置 Text 属性值为"个人信息"和"确认信息"。

图 5-31　TabPage 集合编辑器

（3）选定"个人信息"选项卡，向选项卡中添加 4 个 Label 控件、1 个 TextBox 控件、1 个 GroupBox 控件、1 个 CheckedListBox 控件和 1 个 Button 控件。选择"确认信息"选项卡，向选项卡中添加 1 个 ListBox 控件和 1 个 Button 控件。选项卡中控件属性设置效果如图 5-32 和图 5-33 所示。

图 5-32　"个人信息"选项卡

图 5-33　"确认信息"选项卡

（4）将 Form1 的 TextBox 属性设置为"信息登记"。

【步骤 2】　编写事件代码。

（1）"下一步"按钮用于跳转到"确认信息"选项卡。双击"下一步"按钮，为按钮的 Click 事件处理函数添加如下代码：

```
private void button1_Click(object sender, EventArgs e)
{
    if (textBox1.Text == "")                    //如果"姓名"为空,则弹出对话框提示用户
        MessageBox.Show("您没输入姓名");
    else
    { //如果资料已经填好,则显示 tabPage2, 在 listBox1 中显示用户输入的个人信息
        tabControl1.SelectedTab = tabPage2;     //显示 tabPage2
        listBox1.Items.Clear();                 //清空 listBox1
        listBox1.Items.Add("以下是您的个人资料: ");
        listBox1.Items.Add("您的姓名是: ");
        listBox1.Items.Add(textBox1.Text);
        listBox1.Items.Add("您的性别为: ");
        if (radioButton1.Checked)
            listBox1.Items.Add(radioButton1.Text);
        else
            listBox1.Items.Add(radioButton2.Text);
            listBox1.Items.Add("您的学历为: ");
            listBox1.Items.Add(comboBox1.Text);
            if(checkedListBox1.SelectedItems.Count > 0)
            {
```

```
            listBox1.Items.Add("您的爱好如下：");
            for (int i = 0; i < checkedListBox1.CheckedItems.Count; i++)
                listBox1.Items.Add(checkedListBox1.CheckedItems[i].ToString());
        }
        else
            listBox1.Items.Add("您没有任何个人爱好");
    }
}
```

（2）"返回修改"按钮用于返回"个人信息"选项卡修改资料。双击"返回修改"按钮，为按钮 Click 事件处理函数添加如下代码：

```
private void button2_Click(object sender, EventArgs e)
{
    tabControl1.SelectedTab = tabPage1;
}
```

（3）当单击各个选项卡标题时，系统会自动切换到该选项卡并显示其中的内容。如果用户不填写"个人信息"的内容，而直接单击"确认信息"标签想切换到该选项卡，这是不允许的。为了阻止用户的这种操作意图，为 tabControl 控件的 SelectedIndexChange 事件添加一个处理程序，其代码如下：

```
private void tabControl1_SelectedIndexChanged(object sender, EventArgs e)
{
    if (tabControl1.SelectedTab == tabPage2 && textBox1.Text == "")
        MessageBox.Show("您没有输入姓名");
    tabControl1.SelectedTab = tabPage1;
}
```

【步骤 3】　执行程序。

按 F5 键或单击工具栏上的"启动调试"按钮，程序开始运行，执行结果如图 5-34 和图 5-35所示。

图 5-34　填写"个人信息"选项卡

图 5-35 "确认信息"选项卡

任务 2 制作简易文本编辑器

■ 任务分析

综合运用菜单、对话框、工具栏、状态栏、RichTextBox 等控件设计一个简易的文本编辑软件,程序运行界面如图 5-36 所示,可以实现对文本文件的如下操作:

(1) 打开、保存、退出文件。

(2) 设置字体、颜色、样式。

(3) 显示版本信息。

图 5-36 程序运行界面

◆ **任务实施**

【**步骤 1**】 界面设计及属性设置。

（1）启动 VS 2010，新建一个窗体应用程序，命名为 MyEditer。

（2）修改窗体的 Text 属性为"简易文本编辑器"。为 Form1 窗体上添加一个 MenuStrip 控件，菜单项及子菜单如图 5-37 所示。菜单项的属性设置如表 5-49 所示。

表 5-49 菜单项属性设置

菜　单　项	名　　称	文　　本
文件(F)	Menufile	文件(&F)
打开(O)	MenuIOpen	打开(&O)
保存(S)	MenuISave	保存(&S)
退出(X)	MenuIExit	退出(&X)
格式(G)	Menuform	格式(&G)
字体(F)	MenuIFont	字体(&F)
颜色(C)	MenuIColor	颜色(&C)
分隔线	toolStripSeparator2	———
粗体	MenuIBold	粗体
斜体	MenuIItalic	斜体
下画线	MenuIUnLine	下画线
帮助(H)	Menuhelp	帮助(&H)
关于	MenuIAbóut	关于

（3）为窗体添加一个 RichTextBox 控件，单击控件右上角的三角形按钮，打开 RichTextBox 任务列表，如图 5-38 所示，选择"在父容器中停靠"选项，使控件停靠在窗体中，这样无论窗体的大小如何改变，RichTextBox 控件都会布满整个窗体。

图 5-37 菜单项及子菜单项　　　　　　图 5-38 RichTextBox 任务列表

（4）为窗体添加一个工具栏控件（ToolStrip），单击 按钮，选择 Button 选项，依次添加 5 个工具按钮。设置 ToolStrip 控件的 Item 属性，单击 按钮，在弹出的项集合编辑器对话框中设置按钮的 Name 属性值和 Image 属性，如图 5-39 所示。

（5）接着添加一个状态栏控件（StatusStrip），在状态栏中添加 2 个状态标签，设置 Name 属性分别为 tssLabel1 和 tssLabel2，其中 tssLabel1 的 Text 属性为"状态栏"，tssLabel2 用于程序运行时显示系统时间。

（6）添加一个计时器组件（Timer），用于控制显示时间，设置计时器的 Enabled 属性值

图 5-39　项集合编辑器

为 True,Interval 属性值为 1000 毫秒。

（7）在"解决方案资源管理器"窗口的项目名 MyEditer 处右击,弹出快捷菜单,如图 5-40 所示,选择"添加"→"Windows 窗体"命令,添加一个窗体 Form2,修改窗体的 Text 属性为 "关于"。在 Form2 窗体中添加一个 Label 控件,设置其 Text 属性为"我的文本编辑器 V1.0", 如图 5-41 所示。当单击"帮助"菜单下的"关于"命令时,将弹出 Form2 窗体。

图 5-40　添加 Form2 窗体

图 5-41 添加 Form2 窗体

【步骤 2】 编写事件代码。

(1) Form1 窗体的 Load 事件代码如下：

```
private void Form1_Load(object sender, EventArgs e)
{   //窗体运行时显示当前系统时间
    tssLabel2.Text = DateTime.Now.ToShortTimeString();
}
```

当 Form1 窗体关闭时，若文本显示区的内容被编辑过，系统会弹出消息提示框。要实现此功能，需要为 Form1 窗体的 Closing 事件添加代码如下：

```
private void Form1_FormClosing(object sender, FormClosingEventArgs e)
{//若 RichTextBox 文本区内容被修改，显示消息框
    if (richTextBox1.Modified)
    if (MessageBox.Show("文件没有保存,是否退出?", "警告",
        MessageBoxButtons.OKCancel) == DialogResult.Cancel)
        e.Cancel = true;
}
```

(2) "文件"菜单下的"打开"命令的 Click 事件代码如下：

```
private void MenuIOpen_Click(object sender, EventArgs e)
{
    OpenFileDialog dialog = new OpenFileDialog();
    dialog.Filter = "RTF file( * .rtf)| * .rtf";
    dialog.FilterIndex = 1;
    if (dialog.ShowDialog() == DialogResult.OK && dialog.FileName ! = "")
    {
        filename = dialog.FileName;
        richTextBox1.LoadFile(filename, RichTextBoxStreamType.RichText);
        this.Text = "简易文本编辑器 - " + filename;
    }
}
```

(3) "文件"菜单下的"保存"命令的 Click 事件代码如下：

```
private void MenuISave_Click(object sender, EventArgs e)
{
    if (filename == null || filename == "")
        mnufile_save(sender, e);                //调用自定义方法
    else
    {
        richTextBox1.SaveFile(filename, RichTextBoxStreamType.RichText);
```

```
        richTextBox1.Modified = false;
    }
}
```

自定义 mnufile_save 方法代码如下：

```
private void mnufile_save(object sender, EventArgs e)
{
    SaveFileDialog dialog = new SaveFileDialog();
    dialog.Filter = "RTF file( * .rtf)| * .rtf";
    dialog.FilterIndex = 1;
    if (dialog.ShowDialog() == DialogResult.OK && dialog.FileName ! = "")
    {
        filename = dialog.FileName;
        richTextBox1.SaveFile(filename, RichTextBoxStreamType.RichText);
        richTextBox1.Modified = false;
        this.Text = "简易文本编辑器-" + filename;
    }
}
```

（4）"文件"菜单下的"退出"命令的 Click 事件代码如下：

```
private void MenuIExit_Click(object sender, EventArgs e)
{
    Application.Exit();
}
```

（5）"格式"菜单下的"字体"命令的 Click 事件代码如下：

```
private void MenuIFont_Click(object sender, EventArgs e)
{
    FontDialog font = new FontDialog();
    font.ShowColor = true;
    font.Color = richTextBox1.SelectionColor;
    font.Font = richTextBox1.SelectionFont;
    if (font.ShowDialog() == DialogResult.OK)
    {
        richTextBox1.SelectionFont = font.Font;
        richTextBox1.SelectionColor = font.Color;
    }
}
```

（6）"格式"菜单下的"颜色"命令的 Click 事件代码如下：

```
private void MenuIColor_Click(object sender, EventArgs e)
{
    ColorDialog color = new ColorDialog();
    color.AllowFullOpen = true;
    color.AnyColor = true;
    color.Color = richTextBox1.SelectionColor;
    if (color.ShowDialog() == DialogResult.OK)
        richTextBox1.SelectionColor = color.Color;
}
```

(7) "格式"菜单下的"粗体"命令的 Click 事件代码如下：

```
private void MenuIBold_Click(object sender, EventArgs e)
{
    Font oldFont, newFont;
    oldFont = richTextBox1.SelectionFont == null ?
    richTextBox1.Font:richTextBox1.SelectionFont);
    newFont = new Font(oldFont, oldFont.Style ^ FontStyle.Bold);
    richTextBox1.SelectionFont = newFont;
    MenuIBold.Checked = newFont.Bold;          //设置菜单项前是否选中
}
```

(8) "格式"菜单下的"斜体"命令的 Click 事件代码如下：

```
private void MenuIItalic_Click(object sender, EventArgs e)
{
    Font oldFont, newFont;
    oldFont = (richTextBox1.SelectionFont == null ?
    richTextBox1.Font:richTextBox1.SelectionFont);
    newFont = new Font(oldFont, oldFont.Style ^ FontStyle.Italic);
    richTextBox1.SelectionFont = newFont;
    MenuIItalic.Checked = newFont.Italic ;
}
```

(9) "格式"菜单下的"下画线"命令的 Click 事件代码如下：

```
private void MenuIUnLine_Click(object sender, EventArgs e)
{
    Font oldFont, newFont;
    oldFont = (richTextBox1.SelectionFont == null ?
    richTextBox1.Font:richTextBox1.SelectionFont);
    newFont = new Font(oldFont, oldFont.Style ^ FontStyle.Underline);
    richTextBox1.SelectionFont = newFont;
    MenuIUnLine.Checked = newFont.Underline;
}
```

(10) "帮助"菜单下的"关于"命令的 Click 事件代码如下：

```
private void MenuIAbout_Click(object sender, EventArgs e)
{
    Form2 frm = new Form2();
    frm.Show();
}
```

(11) 计时器控件的 Tick 事件代码如下：

```
private void timer1_Tick(object sender, EventArgs e)
{
    tssLabel2.Text = DateTime.Now.ToShortTimeString();
}
```

（12）工具栏各按钮的 Click 事件中调用主菜单中相应命令的事件方法即可实现相同的功能，具体代码如下：

```
private void tlbtnOpen_Click(object sender, EventArgs e)
{//"打开"按钮
    MenuIOpen_Click(sender, e);              //调用主菜单的事件方法
}
private void tlbtnSave_Click(object sender, EventArgs e)
{//"保存"按钮
    MenuISave_Click(sender, e);
}
private void tlbtnBold_Click(object sender, EventArgs e)
{//"粗体"按钮
    MenuIBold_Click(sender, e);
}

private void tlbtnItalic_Click(object sender, EventArgs e)
{//"斜体"按钮
    MenuIItalic_Click(sender, e);
}
private void tlbtnUnLine_Click(object sender, EventArgs e)
{//"下画线"按钮
    MenuIUnLine_Click(sender,e);
}
```

【步骤 3】 执行程序。

按 F5 键或单击工具栏上的"启动调试"按钮，程序开始运行，执行结果如图 5-36 所示。

项目小结

Windows 窗体是向用户显示信息的可视画面，是控件的容器。窗体分模式窗体和非模式窗体。

控件是构成界面的独立元素。设置控件的属性，可以使控件具有不同的外观特征和数据。通过编写控件的事件处理程序，可以实现各种逻辑功能。

通过本项目的学习，读者可以掌握 Windows 窗体及常用控件的使用方法与技巧，菜单、工具栏、状态栏以及通用对话框等高级控件的使用方法与技巧，灵活应用这些控件，可以设计出功能强大、界面美观的应用程序。

拓展实训

一、实训的目的和要求

（1）熟练掌握窗体的属性、方法和事件。

（2）熟练掌握常用控件的属性、方法和事件。

（3）掌握菜单栏、工具栏、状态栏的添加与设置。

（4）学会综合运用控件，设计出功能强大、界面美观的 Windows 应用程序。

二、实训内容

（1）创建一个 Windows 窗体应用程序，程序的设计界面如图 5-42 所示。当程序运行时，实现的功能包括：

- 将输入的字符串转换为相应的大写或小写字符串；
- 可以指定转换的方式（大写或小写），如果不指定方式则原样输出；
- 可以限制输入字符的范围：字母、数字或其他可视字符。

图 5-42　程序运行界面

（2）创建一个 Windows 窗体应用程序，程序的设计界面如图 5-43 所示。程序运行时，单击"多列"单选按钮将使列表框显示多列；单击"单列"按钮，将使列表框以一列的形式显示。在"查找"文本框中输入一个字符串，然后单击"精确查找"按钮，如果列表项中有与输入的字符串精确匹配的项，则找到并选中该项；如果没有，则给出提示信息。单击"删除"按钮将删除选中的选项。在"添加项"文本框中输入一个字符串，然后单击"添加"按钮将把该字符串作为列表项添加到列表框中。单击"清除"按钮将清除列表框中的所有列表项。

图 5-43　程序设计界面

（3）创建一个类似于记事本的窗体，程序运行结果如图 5-44 所示，要求快捷菜单也与记事本程序相同，不要求实现各个菜单项的功能。

图 5-44　程序运行界面

习题

一、选择题

1. 在 C#.NET 中,用来创建主菜单的对象是(　　　)。

　　A. Menu　　　　　　B. MenuItem　　　　C. MenuStrip　　　　D. Item

2. 下面所列举的应用程序中,不是多文档应用程序的是(　　　)。

　　A. Word　　　　　　B. Excel　　　　　　C. PowerPoint　　　　D. 记事本

3. 加载窗体时触发的事件是(　　　)。

　　A. Click　　　　　　B. Load　　　　　　C. GotFoucs　　　　D. DoubleClick

4. 建立访问键时,需在菜单标题的字母前添加的符号是(　　　)。

　　A. !　　　　　　　　B. #　　　　　　　　C. $　　　　　　　　D. &

5. 修改控件的 BackColor 属性可改变控件的(　　　)。

　　A. 大小　　　　　　B. 前景色　　　　　　C. 背景色　　　　　　D. 长宽

6. 修改(　　　)属性可改变按钮控件的外观。

　　A. BorderStyle　　　B. FlatStyle　　　　C. BackColor　　　　D. ForeColor

7. 在"MessageBox.Show(Text,Title,Buttons,Icon,Default);"方法中,修改消息框的标题可以设置(　　　)参数。

　　A. Text　　　　　　B. Title　　　　　　C. Buttons　　　　　　D. Icon

8. 消息框的按钮显示为"是"和"否",应将 Buttons 设置为(　　　)。

　　A. MessageBoxButtons.OKCancel　　　　　B. MessageBoxButtons.YesNoCancel

　　C. MessageBoxButtons.YesNoCancel　　　　D. MessageBoxButtons.YesNo

二、填空题

1. 在 C# 中,窗体父子关系通过_____窗口来创建。

2. 根据 Windows 窗体的显示状态,可以分为_____窗体和_____窗体。

3. 将文本框设置为只读,可以通过修改_____属性实现。

4. _____控件又称为菜单控件,主要用来设计程序的菜单栏。

5. 计时器控件每隔一定的时间间隔引发一次_____事件。

6. ProgressBar 控件又称为_____控件。

7. 将文本框控件设置为密码文本框,可以通过修改_____属性实现。

项目6
使用集合类型开发程序

 项目情境

小王去一家软件公司面试,主管要求小王设计一个简易的通讯录管理程序,使用集合存储数据。

 学习重点与难点

➤ 了解 Hashtable 的存储原理
➤ 理解 Hashtable 的操作方法
➤ 掌握 ArrayList 的操作方法

 学习目标

➤ 会使用 ArrayList 集合访问和操作数据

 任务描述

➤ 制作简易通讯录管理程序

 相关知识

知识要点:
➤ 集合的概念
➤ ArrayList 集合的操作方法
➤ Hashtable 的操作方法

知识点

前面介绍了数组。数组是一组具有相同数据类型的数据的集合,在程序中可以用于存储数据。但是数组有一个缺点,即当其中的元素完成初始化后,要在程序中动态地给数组添加、删除某个元素是很困难的,存在着局限性。那么如何解决这个问题呢?.NET 给我们提供了各种集合类,比如 ArrayList 和 Hashtable,它们都位于 System.Collections 命名空间及其子命名空间中,都可以很好地进行元素的动态添加、删除操作。

1. ArrayList

ArrayList 类似于数组,又称为数组列表,它可以直观地动态维护,它的容量可以根据需要自动扩充,它的索引会根据程序的扩展而重新进行分配。ArrayList 提供一系列方法对其中的元素进行访问、新增和删除元素的操作。

1) 创建 ArrayList 对象

```
ArrayList PhoneBook = new ArrayList();;    //不指定容量
ArrayList newList = new ArrayList(5);;     //指定容量为 5 个元素
```

上面两行代码是定义 ArrayList 集合类型的对象 PhoneBook 和 newList,ArrayList 是动态可维护的,因此定义时可以指定容量,也可以不指定容量。

2) 给 ArrayList 添加数据

ArrayList 通过 Add 方法添加数据。

语法:

```
public int Add(object value)
```

功能:将参数对象添加到 ArrayList 集合的末尾处,返回所添加的元素的索引。如果添加的元素是值类型,则会被转换为 object 引用类型然后保存。

例如:

```
for(int i = 1;i <= 5;i++) newList.Add(i);   //向 newList 集合添加 5 个元素
struct Person//声明结构类型
{
    public string name;
    public string telephone;
};
Person p1;                              //定义一个 Person 对象
p1.name = "张红";                        //给 name 成员赋值
p1.telephone = "15512348976";           //给 telephone 成员赋值
PhoneBook.Add(p1);                      //将 Person 类 p1 对象添加到 PhoneBook 集合中
```

3) 访问 ArrayList 中的元素

ArrayList 获取一个元素的方法和数组一样,也是通过索引(index)类访问,ArrayList 中第一个元素的索引值是 0。

例如:

```
Person p = (Person)PhoneBook[0];         //将集合中第一个元素转换成 Person 类型
MessageBox.Show(string.Format ("姓名:{0} 电话:{1}", p.name, p.telephone));
```

4) 删除 ArrayList 中的元素

删除 Array 中元素的方法有 3 种。

语法 1:

```
void RemoveAt(int index)
```

功能:删除指定索引的元素。

语法 2：

```
void Remove(object value)
```

功能：删除一个特定对象匹配的元素，若集合中有重复对象，则删除第一个匹配对象。

语法 3：

```
void Clear()
```

清除集合中的所有元素。

例如：

```
PhoneBook.RemoveAt(0);              //删除 PhoneBook 集合中索引为 0 的元素
PhoneBook.Remove(p1);               //删除集合中与 p1 匹配的元素
```

5）在 ArrayList 集合中查找元素

语法：

```
bool ArrayList.Contains(object item)
```

功能：确定某元素是否在集合中，若在，则返回值为 True，否则返回值为 False。

例如：

```
newList.Contains(4);                //若集合中有元素 4,则返回值为 True,否则为 False
```

6）在 ArrayList 集合中定位元素

语法：

```
int ArrayList.IndexOf(object value[,int startindex[, int count]])
```

功能：返回指定范围内第一个与 value 匹配的元素的索引，没找到返回—1。

7）在 ArrayList 集合中插入元素

语法：

```
void Insert(int index,object value)
```

功能：将元素插入指定索引处。

例如：

```
Person p;
p.name = "林江";
p.telephone = "15336987421";
PhoneBook.Insert(1,p);              //将元素 p 插入在索引为 1 的位置
```

【案例 6-1】 创建一个 Windows 应用程序，设计界面如图 6-1 所示，完成 ArrayList 集合类型的一些操作。设计步骤如下：

（1）程序界面设计。

打开 VS 2010，新建名为 exp6-1 的 Windows 窗体应用程序，在新程序界面空白窗口上放置合适的控件，包括：6 个操作 Button 按钮；提供给用户输入的 5 个 Textbox 控件；5 个显示提示信息的 Label 控件；1 个显示输出日志信息的 Textbox 控件；2 个用于控件分组的

GroupBox 控件。

（2）属性设置。

设置分组框、标签及按钮控件的 Text 属性,效果如图 6-1 所示。设置用于显示日志信息文本框的 Multiline 属性为 True(多行显示)、Scrollbars 属性值为 Vertical(垂直滚动条)。

图 6-1　窗体设计界面

（3）设计代码。

按 F7 键,打开代码编辑窗口,在代码窗口首部添加命名空间引用,代码如下:

using System.Collections;

在 Form1 类中创建一个 ArrayList 类的对象,如图 6-2 所示,代码如下:

ArrayList newList = new ArrayList();

```
using System;
using System.Collections.Generic;
using System.ComponentModel;
using System.Data;
using System.Drawing;
using System.Linq;
using System.Text;
using System.Windows.Forms;
using System.Collections;//ArrayList类所在命名空间的引用
namespace exp6_1
{
    public partial class Form1 : Form
    {
        ArrayList newList = new ArrayList();
        public Form1()
        {
            InitializeComponent();
        }
```

图 6-2　创建 ArrayList 对象

为"添加新元素"按钮的 Click 事件添加如下代码：

```csharp
private void button1_Click(object sender, EventArgs e)
{
    int n = Convert.ToInt32(this.textBox1.Text);        //获取用户输入的元素个数
    for (int i = 1; i <= n; i++)
    {
        newList.Add(i);
        output("列表添加新元素:" + i.ToString());
    }
}
```

为"插入元素"按钮的 Click 事件添加如下代码：

```csharp
private void button2_Click(object sender, EventArgs e)
{
    int temp1 = Convert.ToInt32(textBox2.Text);         //获取插入位置
    int temp2 = Convert.ToInt32(textBox3.Text);         //获取插入的元素
    newList.Insert(temp1, temp2);                       //在指定位置插入新元素
    output("在列表的位置" + temp1.ToString() + "插入元素" + temp2.ToString());
}
```

为"删除元素"按钮的 Click 事件添加如下代码：

```csharp
private void button3_Click(object sender, EventArgs e)
{
    int temp = Convert.ToInt32(textBox4.Text);          //获取删除元素的位置
    newList.RemoveAt(temp - 1);
    output("已删除列表的第" + temp.ToString() + "项元素");
}
```

为"查找"按钮的 Click 事件添加如下代码：

```csharp
private void button4_Click(object sender, EventArgs e)
{
    int temp = Convert.ToInt32(textBox5.Text);          //获取需要查找的元素
    if (newList.Contains(temp))
        output("已找到元素");
    else
        output("未找到元素");
}
```

为"查看列表"按钮的 Click 事件添加如下代码：

```csharp
private void button5_Click(object sender, EventArgs e)
{
    if (newList.Count > 0)
    {
        int j = 0;
        foreach(int i in newList)                       //遍历列表
        {
            j++;
            output("第" + j.ToString() + "项列表元素为" + i.ToString());
```

```
        }
    }
}
```

为"全部删除"按钮的 Click 事件添加如下代码：

```
private void button6_Click(object sender, EventArgs e)
{
    newList.Clear();
    output("全部删除列表内容!");
}
```

(4) 执行程序。

按 F5 键或单击工具栏上的"启动调试"按钮,程序开始运行,输入元素个数 5,单击"添加新元素"按钮,日志信息会显示已添加了 5 个元素。运行结果如图 6-3 所示。

图 6-3　运行结果

2. 哈希表(Hashtable)

在 ArrayList 集合中我们使用索引访问它的元素,但是使用这种方式必须了解集合中某个数据的位置。当 ArrayList 中的元素变化频繁时,要跟踪某个元素的下标就比较困难了。C#中提供了一种叫 Hashtable 的数据结构,通常称为哈希表。哈希表的数据是通过键(Key)和值(Value)来组织的。键能唯一标识一个元素,通过键能访问其中的元素值。

1) 给 Hashtable 添加数据

Hashtable 的每个元素都是一个键/值对,给 Hashtable 添加一个对象,也要使用 Add() 方法。但哈希表的 Add()方法有两个参数：一个表示键,一个表示键所对应的值。

语法：

```
public void Add(object key,object value)
```

功能：将带有指定键和值得元素添加到哈希表中。

将联系人的电话号码定为 Key，联系人对象作为 Value。添加 3 个联系人记录的代码如下所示：

```
PhoneBook.Add(p1.Number,p1);
PhoneBook.Add(p2.Number,p2);
PhoneBook.Add(p3.Number,p3);
```

2）获取哈希表的元素

访问哈希表元素时，和 ArrayList 不同，可以直接通过键名来获取具体值。同样，由于值的类型是 object，所以当得到一个值时也需要通过类型转换得到正确的类。如指定一个电话的 Key 值（电话号码）来获取它的对象，然后转换为 Person 类型，代码如下：

```
Person p1 = (Person)PhoneBook["15336987421"];
```

3）删除哈希表的元素
语法：

```
Public void Remove(object key)
```

功能：通过 key，使用 Remove()方法删除哈希表的元素。
例如：

```
telNote.Remove("81161234");
```

我们看到，哈希表删除一个元素时使用的是它的 Key 值（电话号码），这样比较直观，也不会出现 ArrayList 使用索引删除时的问题。哈希表也可以使用 Clear()方法清除所有元素，用法和 ArrayList 的情况相同，即 telNote.Clear()。

4）遍历哈希表中的元素

由于哈希表不能够用索引访问，所以遍历一个哈希表只能用 foreach()方法，代码如下所示：

```
//遍历 Key
foreach(object obj in PhoneBook.Keys)
{
    Console.WriteLine((string)obj);
}
//遍历 value
foreach(object obj in PhoneBook.Values)
{
    Person note = (Person)obj;
    Console.WriteLine(note.Name + "的电话号码是" + note.Number);
}
```

分析：这里分别对 PhoneBook.Keys 和 PhoneBook.Values 进行遍历，而不是 PhoneBook 对象本身。通常情况下，我们采用这种方式遍历 Value 和 Key 的值。

任务 制作简易通讯录管理程序

■ 任务分析

小王去一家软件公司面试,主管要求小王设计一个简易的通讯录管理程序。通讯录中主要包括姓名和电话号码两项信息。考虑到通讯录中的记录数不固定,经常动态变化,因而选择 ArrayList 集合类型存储数据。

◆ 任务实施

【步骤 1】 界面设计及属性设置。

(1) 启动 VS 2010,新建一个 Windows 窗体应用程序 MyPhoneBook。

(2) 在 Form1 窗体上添加下列控件:1 个 ListView 控件,用于显示通讯录记录;1 个 GroupBox 控件;2 个标签和 2 个文本框;5 个 Button 按钮。

(3) 设置窗体、标签及按钮的 Text 属性,使其外观效果如图 6-4 所示。选定 ListView 控件后单击右侧的三角按钮,在打开的 ListView 任务列表中选择"编辑列"项,打开如图 6-5 所示的"ColumnHeader 集合编辑器"。添加两列,同时设置每列的标题(Text)属性分别为 "姓名"和"电话",关闭编辑器后 ListView 控件中增加两列,效果如图 6-4 所示。

图 6-4 设计界面

【步骤 2】 编写事件代码。

首先,在代码编辑窗口的首部添加命名空间的引用:

```
using System.Collections;
```

然后,在 Form1 类中创建一个 ArrayList 对象,声明一个结构类型,代码如下:

```
ArrayList PhoneBook = new ArrayList();
```

图 6-5   列标题编辑器

```
struct Person                                    //通讯录中每一条记录的类型
{
    public string name;                          //姓名
    public string telephone;                     //电话
};
```

（1）添加自定义方法 listshow()，用于显示列表全部元素，代码如下：

```
private void listshow()
{
    listView1.Items.Clear();
    for (int i = 0; i < PhoneBook.Count; i++)
    {
        Person p = (Person)PhoneBook[i];
        string[] ps = { p.name, p.telephone};
        ListViewItem item = new ListViewItem(ps);
        listView1.Items.Add(item);
    }
}
```

（2）为"添加"按钮的 Click 事件添加如下代码：

```
private void button1_Click(object sender, EventArgs e)
{
    Person p;
    p.name = textBox1.Text;                      //获取插入元素的姓名
    p.telephone = textBox2.Text;                 //获取插入元素的电话号码
    PhoneBook.Add(p);                            //向集合中添加元素
    textBox1.Text = textBox2.Text = "";
    listshow();
}
```

（3）为"查找"按钮的 Click 事件添加如下代码：

```
private void button2_Click(object sender, EventArgs e)
```

```
{
    Person p;
    int i;
    listView1.Items.Clear();
    for (i = 0; i < PhoneBook.Count; i++)                //遍历集合中的元素
    {
        p = (Person)PhoneBook[i];
        if (p.name == textBox1.Text)
        {
            string[] ps = { p.name, p.telephone };
            ListViewItem item = new ListViewItem(ps);
            listView1.Items.Add(item);                   //向 ListView 控件中添加项
        }
    }
    if(listView1.Items.Count <= 0)
        MessageBox.Show("记录不存在");
}
```

（4）为"删除"按钮的 Click 事件添加如下代码：

```
private void button3_Click(object sender, EventArgs e)
{
    Person p;
    int i;
    listView1.Items.Clear();
    for (i = 0; i < PhoneBook.Count; i++)
    {
      p = (Person)PhoneBook[i];
      if (p.name == textBox1.Text||p.telephone == textBox2.Text)
      {
          PhoneBook.Remove(p);                           //删除元素
          break;
      }
    }
    listshow();
}
```

（5）为"显示列表"按钮的 Click 事件添加如下代码：

```
private void button4_Click(object sender, EventArgs e)
{
    listshow();
}
```

（6）为"清空列表"按钮的 Click 事件添加如下代码：

```
private void button4_Click_1(object sender, EventArgs e)
{
    if (MessageBox.Show("确定删除所有元素?") == DialogResult.OK)
    {
        PhoneBook.Clear();
        listView1.Items.Clear();
    }
}
```

【步骤3】 执行程序。

按F5键或单击工具栏上的"启动调试"按钮,程序开始运行,执行结果如图6-6所示。在文本框中输入姓名和电话号码,单击"添加"按钮,便将元素添加到列表中,同时在左侧ListView控件中显示。

图6-6 程序运行结果

项目小结

ArrayList集合可以动态维护,访问元素时需要类型转换,ArrayList集合删除数据时,可以通过索引或者对象名访问其中的元素。

哈希表中的元素是以键/值对的形式存在。访问其中的元素也需要进行类型转换。遍历哈希表时,可以遍历其Value或Key。哈希表不能通过索引访问,只能通过键访问。

通过本项目的学习,读者可以掌握C#中集合类型的使用技巧与方法,提高编程能力。

拓展实训

一、实训的目的和要求

(1)进一步理解集合与数组的区别。

(2)熟练掌握ArrayList集合的添加、查找和删除等操作方法。

(3)熟练掌握集合元素类型的转换。

二、实训内容

使用ArrayList集合类型编写一个如图6-7所示界面的"迷你生词本"程序,程序具有以下功能:

(1)添加单词及汉语意思。

(2)根据英语查询单词。

(3)显示所有单词。

（4）删除指定单词。

图 6-7　程序运行结果

习题

一、选择题

1. 在 C♯.NET 中，ArrayList 的（　　　）属性可以指定 ArrayList 容量。

    A. Value　　　　　　B. Capacity　　　　　C. Total　　　　　　D. Count

2. 在 C♯.NET 中下列代码的运行结果是（　　　）。

```
int[] num = new int[] { 1, 2, 3, 4, 5 };
ArrayList arr = new ArrayList();
for (int i = 0; i < num.Length; i++){
    arr.Add(num[i]);}
arr.Remove(arr[2]);
Console.Write(arr[2]);
```

    A. 1　　　　　　　　B. 2　　　　　　　　C. 3　　　　　　　　D. 4

3. 在 C♯.NET 中下列代码的运行结果是（　　　）。

```
Hashtable hsStu = new Hashtable();
hsStu.Add(3,"A");
hsStu.Add(2,"B");
hsStu.Add(1,"C");
hsStu.Remove(1);
Console.WriteLine(hsStu[2]);
```

    A. 2　　　　　　　　B. B　　　　　　　　C. 1　　　　　　　　D. C

二、简答题

简述数组、ArrayList 的区别。

项目 7
设计面向对象应用程序

 项目情境

　　小张已经在软件公司工作了一段时间,现公司主管要求小张使用C#语言进行面向对象应用程序开发。为客户解决实际问题,小张开始系统地学习面向对象知识。

　　早期的程序开发使用过程化的设计方法,对于大型应用程序的开发显得力不从心,后续的维护也比较困难。而面向对象编程方法把客观世界中的业务及操作对象转变为计算机中的对象,这使得程序更易理解,开发效率大大提高,维护也更容易。因此,面向对象得到了广泛的应用,已成为目前最为流行的一种软件开发方法。C#是一门非常优秀的支持面向对象的编程语言,使用面向对象语言可以推动程序员以面向对象的思维来思考软件设计结构,从而实现"应对变化,提高复用"的设计。任何一个认真的面向对象程序员都需要系统地学习面向对象知识。

 学习重点与难点

➢ 定义类的方法
➢ 创建对象的方法
➢ 封装机制

 学习目标

➢ 理解面向对象的基本思想
➢ 掌握定义类的方法
➢ 掌握创建对象的方法
➢ 理解类的属性,学会创建属性,理解封装机制,以及如何进行有效的封装
➢ 理解构造方法,学会创建构造方法
➢ 理解方法,学会创建方法

 任务描述

任务1　认知面向对象
任务2　类的定义

相关知识

知识要点：

➤ 面向对象的基本概念

➤ 定义类的方法

➤ 使用类的方法

知识点 1　面向对象的基本概念

传统的结构化编程方法是编程人员将一个任务分为若干个过程,然后基于某种特定的算法编写这些过程。由此可见,结构化程序设计的本质是功能分解,从目标系统整体功能入手,自上而下把复杂的过程不断分解为子过程,这样一层一层地分解下去,直到剩下若干个容易实现的子过程为止,最后再进行各个最低子过程的处理,因此,结构化方法是围绕实现处理功能的"过程"来构造系统的。然而,用这种方式构造的系统其结构常常不够稳定,当用户需求发生变化时,这种变化对于基于过程的设计来说可能是"灾难性"的,需要花费很大代价才能实现这种系统结构的较大变化,而面向对象编程方法却能够较好地处理这种问题。

不同于结构化编程方法,面向对象的思想来源于对现实世界的认知,面向对象的编程方式把客观世界中的业务及操作对象转变为计算机中的对象,是以要解决的问题中所涉及的各种对象为主要矛盾,这样,编程人员就能够以更接近于人的思维方式来编程,这使得程序更易理解,开发效率大大提高,维护也更加方便。对象是面向对象的一个重要概念。对象是指在程序设计中,人们要研究的现实世界中某个具体事物。人们往往把现实世界中的事物进行分类,如从多种多样的水果抽象出水果的概念,从形形色色的狗抽象出狗的概念。水果、狗都代表着一类事物。人们总是把具有相同特征的类似事物划分为一类,并给出此类的定义。比如,对动物的分科和分类,猫和老虎虽然体型和习性差别很大,但是它们看起来是那么像,身体特征也有很多共同之处,所以都划分为猫科动物。这是面向对象的另一个重要概念——类。类就是具有相同或相似性质的对象的抽象。类还有属性和方法,每一类事物都有自己的状态或特性,如水果的名称、颜色。每一类事物都有一定的行为,如水果生长、狗跳跃。把事物的状态或特性抽象到计算机语言中以后,就成为计算机中某一个实体的属性,即类的属性；把事物的行为抽象到计算机语言中，就成为具体的方法或者函数，即类的方法。

在过去的面向过程编程中，当对系统做某些修改时，往往会"牵一发而动全身"，不便于开发和维护。而使用面向对象技术开发软件时，可以将软件分成几个模块，每个模块都有特定的功能，但是模块之间是相互独立的，同时又相互联系，模块的代码可以重用，这样大大增加了代码的使用率，有利于软件的开发和维护。

面向对象编程思想具有封装、继承和多态 3 个最主要的特性，下面对它们进行简单介绍。

1. 封装

封装是把数据和基于数据的操作捆绑在一起的编程机制。通过封装，一方面可以实现信息隐藏，防止外部对数据和代码的干扰和滥用，保证数据的安全性；另一方面，用户在使用时不必关心内部的实现原理，只需了解如何通过外部接口使用。

2. 继承

继承性是将已有的代码和功能扩充到新的程序和组件中的结构化方式。通过继承可以创建子类和父类之间的层次关系，子类可以从其父类中继承属性和方法，通过这种关系模型可以简化类的操作。通过类的继承关系，公共的特性能够共享，使所建立的软件具有开放性、可扩充性，简化了对象、类的创建工作量，增强了代码的重用性。

3. 多态

多态性是指同一个类的对象在不同的场合能够表现出不同的行为或特征。多态性常常被解释成"一个接口，多种方法"，它允许每个对象以适合自身的方式去响应共同的信息，因此多态性增强了软件的灵活性和重用性。

知识点 2　类

1. 定义类

C#是面向对象的程序设计语言，典型的 C#应用程序是由类组成的。

类是一种数据结构，是 C#中最为强大的数据类型，用来定义对象的类型，在 C#中，类用关键字 class 来定义。其定义格式如下：

```
[修饰符]class 类名
{
    //类的成员
}
```

定义类时，class 关键字和类名不能省略，修饰符是可选的，常用的修饰符是访问修饰符，用于设置类的访问权限，具体的关键字如表 7-1 所示。

表 7-1　关键字

关　键　字	描　　述	能否修饰类	能否修饰类的成员
public	对所有类可见	☑	☑
private	只有在声明它们的类中才能访问		☑
internal	在同一个程序集内可以访问	☑	☑
protected	本类或子类中可访问		☑
protected internal	子类或同一程序集可访问		☑

表 7-1 中提到了程序集的概念。程序集是 . NET 中基本的软件模块,其常见的载体为一个可独立执行的 EXE 文件,也可以是一个或多个 DLL 文件。

访问修饰符存在如下规则:

- 对于类如果没加访问修饰符,那么默认为 internal。
- 对于类中的成员,如果没有加访问修饰符,那么默认为 private。
- 对于接口的成员,如果没加修饰符,那么默认为 public。
- 除了访问修饰符外,以下这几个修饰符也可以修饰类。
- new:仅允许在嵌套类声明时使用,表明类中隐藏了由基类中继承而来的、与基类中同名的成员。
- abstract:抽象类,不允许建立类的实例。
- sealed:密封类,不允许被继承。

根据代码规范化的要求及行业规范,类名一般由能代表实际作用的英文单词组成,采用 Pascal 命名法,即每个英文单词的首字母大写。同时,类名还必须符合标识符的命名规则。

下面给出一个类的定义的例子:

```
public class Student
{
  public string name;
  public int age;
  public void sleep(){}
}
```

2. 创建对象

定义好了类以后,我们可以通过关键字 new 创建该类的对象。格式如下:

类名　对象名 = new 类名(参数列表);

其中,参数列表是可选的。

下面给出一个创建对象的例子:

```
Student student = new Student();
```

C# 通过 new 运算符创建对象,执行上面语句后,系统为对象分配内存空间。创建对象的过程也称为类的实例化。类定义对象的类型,但它不是对象本身。对象是基于类的具体实现,称为类的实例。new 关键字在创建类的实例后,将返回一个该对象的引用,例如 student 是对基于 Student 类的对象的引用,它里面存储该对象在内存中的地址。

知识点 3　类成员

定义在类体内的元素都是类的成员,类所封装的成员不可能包含类所描述的实体的全部细节,只能是经过抽象的、最能体现实体特征的状态或操作。类的成员主要包括类的字段、属性、方法等。

1. 字段

字段代表类中的数据,在类中定义一个变量即定义了一个字段,用于封装数据。定义字段的语法格式如下:

访问修饰符　数据类型　字段名;

在类中通过指定字段的访问级别,然后指定字段的数据类型,再指定字段的名称来定义字段。定义字段名称时,一般遵循 Camel 命名规则。

下面给出一个定义字段的例子:

```
public class Car
{
    public int number;              //编号
    private string color;           //颜色
    private string brand;           //厂家
}
```

定义字段时可以使用赋值运算符为字段指定一个初始值。例如

```
private string color = "black";
```

常量就是值不能改变的字段,定义常量字段时,在字段的类型前面使用 const 关键字,常量必须在声明时初始化。例如:

```
private const double PI = 3.14159;
```

常量要求在编译时就知道具体的值,如果字段的值在编译时无法计算,但要求字段被初始化后就不能被修改,则可以将字段声明为 readonly。只读字段只能在初始化期间或在构造函数中赋值。例如:

```
private readonly string color = "black";
```

访问类中的字段有两种方式:
(1) 在类的内部访问——直接使用字段名进行访问。
(2) 在类的外部访问——如果把字段声明为 public,那么在类的外部可以通过类创建的对象来访问该字段。

一般地,字段的访问级别通常设置为 private,不允许在类的外部直接访问字段,外部的类应当通过方法、属性等来间接访问字段,确保字段被正确地处理,以免破坏类的封装特性。

2. 属性

字段的访问级别通常设置为 private,只能在类的内部访问和修改。如果想在类的外部

访问和修改这个字段的值,应该怎么办?

1) 将字段的访问级别设置为 public

但是这种方式无法保证数据的有效性。例如,在 Car 类的外部可以这样使用 Car 类:

```
Car car = new Car();
car.number = - 66;
```

在上面的代码中,若编号为负值,则是无效数据,因为这是违背常理的,我们必须有一种机制保证数据的有效性。

2) 属性

属性也是类的成员,是字段的一种自然扩展,提供在类的外部访问类中私有字段的方式,可以保证将合法的数据传递给对象。属性借助于 get 和 set 访问器对属性的值进行读写。get 访问器相当于一个具有属性类型返回值的无参数方法,需要通过 return 读取字段的值。set 访问器相当于一个具有单个属性类型值参数和 void 返回类型的方法。set 访问器通过隐式参数 value 来设置字段的新值。由于 set 访问器存在隐式的参数 value,因此 set 访问器中不能自定义使用名称为 value 的局部变量或常量。属性的声明语法格式如下:

```
[访问修饰符]  类型  属性名
{
  get{get 访问器体}
  set{set 访问器体}
}
```

其中访问修饰符用于指定属性的访问级别,默认为 private。定义属性的名称,我们一般遵循 Pascal 命名规则。

知识点 4　方法

在面向对象的程序设计中,类既要包括数据,又要包括对数据的行为操作。其中,包含的数据存储在字段中,而对数据的操作是使用方法。方法用来描述类或对象的行为操作,对类的数据成员的操作都封装在类的方法中。方法的主要功能是操作数据。在面向对象编程语言中,类或对象是通过方法来与外界交互的,所以方法是类与外界交互的基本方式。方法通常是包含解决某一特定问题的语句块,方法必须放在类定义中,遵循先声明后使用的原则。

方法的使用分为定义方法和调用方法两个环节,下面分别进行介绍。

1. 定义方法

在 C♯ 中,定义方法的格式如下:

```
[修饰符][返回值类型]  方法名([参数列表])
{
  //方法体
}
```

定义或声明方法时,需要为其指定访问修饰符,以指定其访问级别或使用限制。C♯ 中常用的修饰符有 private、public、protected、internal 共 4 个访问修饰符和 partial、new、static、virtual、override、sealed、abstract、extern 共 8 个声明修饰符,下面分别对它们进行简单介绍。

private:私有访问,是允许的最低访问级别,私有成员只有在声明它们的类和结构体中才可以访问。

public:公共访问,是允许的最高访问级别,对访问公共成员没有限制。

protected:受保护成员,在声明它的类中可访问并且可由派生类访问。

internal:只有在同一程序集的文件中,内部类型或成员才是可访问的。

partial:在整个同一程序集中定义分部类和结构。

new:从基类成员隐藏继承的成员。

static:声明属于类本身而不是属于特定对象的成员。

virtual:在派生类中声明其实现可由重写成员更改的方法或访问器。

override:提供从基类继承的虚拟成员的新实现。

sealed:指定类不能被继承。

abstract:指示某个类只能是其他类的基类。

extern:指示在外部实现方法。

方法的访问修饰符通常定义为 public,以保证在类的外部能够调用该方法。

方法的返回类型用于指定由该方法计算和返回的值的类型,可以是任何值类型或引用类型,如 int、string 或自定义的 Cuboid 类。如果一个方法不返回一个值,则它的返回类型为 void。

方法名必须是一个合法的 C# 标识符,且必须与在同一个类中声明的所有其他非方法成员的名称都不相同。

方法的参数列表放在一对小括号中,指定调用该方法时需要使用的参数个数、各个参数的类型、参数名称。其中,参数可以是任何类型的变量,参数之间以逗号分隔。如果方法在调用时不需要参数,则不用指定参数,但小括号不能省略。

实现特定功能的语句块放在一对大括号中,称为方法体,"{"表示方法体的开始,"}"表示方法体的结束。如果方法有返回值,则方法体中必须包含一个 return 语句,以指定返回值。该值可以是变量、常量、表达式,但其类型必须和方法的返回类型相同。如果方法无返回值,在方法体中可以不包含 return 语句,或包含一个不指定任何值的 return 语句。

下面给出一个定义方法的例子:

```
class Circle
{
    private double r;
    public double Area()
    {
        return 3.14 * r * r;
    }
}
```

该方法的功能是求圆的面积,方法的返回类型是双精度型,方法名为 Area,该方法没有参数,方法体中有一个 return 语句,该语句指定的返回值是一个双精度型的表达式。

2. 调用方法

根据方法被调用的位置不同,可以分为在方法声明的类定义中调用该方法(类内调用)和在方法声明的类定义外部调用(类外调用)两种。

类内调用方法的语法格式如下:

方法名(参数列表)

在方法声明的类定义中调用该方法,实际上是由类定义内部的其他方法成员调用该方法。

下面给出类内调用方法的例子:

```
class Circle
{
  private double r;
  public double Area()
  {
    return 3.14 * r * r;
  }
  public string AreaShow()
  {
    return "类内调用\n 圆的面积为: " + Area();
  }
}
```

在 Circle 类内创建 Circle 对象,并调用 AreaShow()方法,实现在类内调用 Area()方法,代码如下:

```
Circle circle1 = new Circle();
Console.Write("圆的面积为:" + circle1.AreaShow());
```

类外调用方法的语法格式如下:

对象名.方法名(参数列表)

在方法声明的类定义外部调用该方法实际上是通过类声明的对象调用该方法。

下面给出类外调用方法的例子:

在 Circle 类外创建 Circle 对象,并调用 Area()方法,实现类外调用 Area()方法,代码如下:

```
Circle circle2 = new Circle();
Console.Write("圆的面积为: " + circle2.Area());
```

知识点 5　方法参数——值传递

方法可以包含参数,参数是一个局部变量,在方法的声明和调用中,经常涉及参数传递。在方法声明中使用的参数称为形式参数(形参),在调用方法时使用的参数称为实际参数(实参)。在调用方法时,参数传递就是将实参传递给相应的形参的过程。那么,参数传递有哪几种方式？各种参数传递方式又有什么区别呢？下面详细介绍。

请看下面的有关方法声明的代码：

```
class Calculator{
    public int GetSum( int m, int n)
    {
        return m + n;
    }
}
```

其中 m 和 n 是形参，它们的类型均为 int。

调用方法时，实参可以是常量、变量或表达式。实参和对应的形参必须类型相同或兼容。请看下面的有关方法调用的代码：

```
class Program{
    static void Main(string[ ] args){
        Calculator calculator = new Calculator();
        int a = 1, b = 100;
        int sum = calculator.GetSum(a, b);
    }
}
```

其中 a 和 b 为实参，调用 GetSum 方法时，发生了从实参到形参的数据传递，程序把实参 a、b 的值复制一份给形参 m、n。这种参数传递方式称为值传递，实参 a、b 和形参 m、n 是互不相干的，形参的变化不会影响到实参。另外，形参只在声明它的方法体中存在，当从方法返回时，将释放形参所占用的内存空间。

知识点 6　方法参数——引用传递

调用方法使用值传递时，形参的变化不会影响到实参，那么如何才能使形参的变化影响到实参呢？可以使用引用传递。按引用传递分为基本数据类型与类对象数据类型两种情况。类对象数据类型的参数总是按引用传递的，所以类对象参数传递不需要使用 ref 关键字。类对象数据类型参数的传递实际上是将实参对数据的引用赋值给了形参，所以形参与实参共同指向同一个内存区域。基本数据类型的参数默认均是按值传递，如果要按引用传递，必须使用 ref 关键字声明。

1. ref 参数

当使用 ref 参数时，实参和形参指向同一块内存区域，实参将随着形参的变化而变化。若要使用 ref 参数，则方法的声明和调用都必须显式使用 ref 关键字。即在方法定义时，要在参数的类型前面加上 ref，调用该方法时，也要使用 ref 关键字修饰实参，同时，ref 参数使用前必须赋值。

2. out 参数

C# 还为我们提供了 out 参数。若要使用 out 参数，方法定义和调用方法时都必须显式使用 out 关键字。out 参数的使用方法和 ref 参数相似，差别在于 ref 参数必须在调用之前明确赋值,而 out 参数不用赋值,即使赋了值也会被忽略。所以 out 参数用于从方法返回结果,而不是向方法传递数据。

知识点7 方法重载

为了能够使同一功能适用于各种类型的数据,C♯提供了方法重载机制。方法重载是面向对象程序设计语言对结构化编程语言的重要扩充,在面向对象编程中应用极为广泛。所谓方法重载,是指在同一个类中,声明两个以上的同名方法,实现对不同数据类型的相同处理。即同一个类中存在着多个同名的方法,但是每个方法中参数的数据类型、个数或顺序不同。如果同一个类中存在两个以上的重载方法,当调用这样的方法时,编译器会根据传入的参数自动进行判断,决定调用哪个方法,从而实现对不同的数据类型进行相同的处理。

构成重载的方法必须满足如下条件:

(1) 同一个类中的方法。

(2) 方法名相同。

(3) 方法的参数不同,包括参数类型、参数个数或参数顺序不同。

如下的几个方法构成了方法重载:

```
public int Sum(int a,int b)
public double Sum(double a,double b)
public int Sum(int a,int b,int c)
```

需要注意的是,仅仅是方法返回值类型不同不能构成方法重载。例如,下面的两个方法不能构成重载:

```
public int Sum(int a,int b)
public double Sum(int a,int b)
```

知识点8 构造方法和析构方法

1. 构造方法

构造方法也是一种方法。构造方法具有与类相同的名称,它通常用来初始化新对象,并为对象分配内存。当一个类的实例对象创建时,系统会自动调用构造方法。C♯中使用new 运算符来实例化类,为对象分配内存后,new 运算符立即调用类的构造方法创建类的实例对象。当一个类没有定义构造方法时,系统会自动为其创建一个构造方法,该构造方法没有参数,方法体是空的,称为默认构造方法。如果调用的是默认构造方法,那么在创建对象时,系统把数据成员初始化为相应类型的默认值。如果在类中定义了构造方法,则系统不会提供默认的构造方法。构造方法一般使用 public 修饰符,拥有这样构造方法的类可以在任何地方被实例化。

下面给出构造方法的例子:

```
class Circle{
    private double radius;
```

```
public double Radius{
  get{return radius;}
  set{radius = value;}
}

public Circle(double r)
{
  radius = r;
}
}
```

2．析构方法

在类的成员中还有一个特殊的方法，称为析构方法。它和构造方法一样，与类同名，在类名前加～，没有返回值。一个类中只能有一个析构方法，并且无法调用析构方法，它是被自动调用的。析构方法用来处理一些在对象释放时候的操作，释放资源是其中一种。．NET Framework 类库有垃圾回收功能，当某个类的实例被认为是不再有效，并符合析构条件时，．NET Framework 类库的垃圾回收功能就会调用该类的析构方法实现垃圾回收。程序退出时也会调用析构方法。

知识点 9　静态成员

类的成员可以分为静态成员和实例成员（也称为非静态成员）。静态成员与非静态成员的不同在于：静态成员属于类本身，让类的所有对象在类的范围内共享此成员；而非静态成员则总是与特定的实例（对象）相联系，属于特定对象所有。声明静态成员需要使用 static 关键字修饰。前面介绍的所有例子和任务均只涉及非静态成员，下面介绍静态成员。

1．静态数据成员

没有 static 关键字修饰的字段称为实例字段（也称为非静态字段），它总是属于某个特定的对象，其值总是表示某个对象的值。例如，当说到长方体的长时，总是指某个长方体对象的长，而不可能是全体长方体对象的长。在定义长方体类时，这个长就应该被声明成实例字段。创建类的对象时，都会为该对象的实例字段创建新的存储位置，也就是说，不同对象的实例字段的存储位置是不相同的。因此，修改一个对象的实例字段的值，对另外一个对象的实例字段的值没有影响。

然而，有时可能会需要类中有一个数据成员来表示全体对象的共同特征。例如，如果在长方体类中要用一个数据成员来统计长方体的个数，那么这个数据成员表示的就不是某个长方体对象的特征，而是全体长方体对象的特征，这时就需要使用静态数据成员。用 static 关键字修饰的字段称为静态字段（也称为静态数据成员）。静态字段不属于任何一个特定的对象，而是属于类，或者说属于全体对象，被全体对象共享的数据。一个静态字段只标识一个存储位置，无论创建了多少个类的实例，静态字段永远都在同一个存储位置存放其值，静态字段是被共享的。

2. 静态方法

没有 static 关键字修饰的方法称为实例方法(也称为非静态方法),它总是对某个对象进行数据操作,例如,长方体类中的计算体积的方法,总是计算某个对象的体积。实例方法可以访问实例成员,也可以访问静态成员。如果某个方法在使用时并不需要与具体的对象相联系,即方法操作的数据并不是某个具体对象的数据,而是表示全体对象特征的数据,这时就需要使用静态方法。用 static 关键字修饰的方法,称为静态方法。静态方法属于类本身,只能使用类调用,不能使用对象调用。不能用静态方法来访问实例成员,静态方法只能访问静态成员。

知识点 10　this 关键字

1. 访问当前对象成员

通过 this 关键字,可以引用当前正在执行的类的实例对象。this 在 C♯ 语言中具有特殊含义,指当前对象。this 的用法通常有如下 3 种:

(1) this.变量名——访问当前对象的成员变量。

(2) this.方法名——访问当前对象的成员方法。

(3) this(参数)——用在构造方法中,调用重载的构造方法。

2. 定义索引器

在 C♯ 中,还可以通过 this 来定义索引器。索引器通常是针对集合的属性,让使用者调用集合成员更加简单方便。通过索引器,可以像数组那样访问类的数据成员。

索引器的定义方式如下:

```
public 数据类型 this[下标类型　下标名称]
{
  get{}
  set{}
}
```

任务 1　认知面向对象

■ 任务分析

在面向对象的世界里,一切皆对象。

本任务在于认知面向对象,寻找现实生活中的对象,将它们用面向对象的思维进行描述。

◆ 任务实施

【步骤 1】　识别现实生活中对象。

首先看一个情景。

一次,有一只叫 Jerry 的老鼠偷吃东西,被一只叫 Tom 的猫发现了,Tom 捉 Jerry,Jerry 逃跑。

如果需要用程序来实现这样的情景,怎样实现比较方便呢?采用面向对象的方法,以对象作为基础分析实际问题,将真实场景中的角色抽象出来,并抽象出角色的特性、动作和角色之间的互动关系,便于程序实现。

角色抽象为两类。

- 猫:猫的属性、方法。
- 老鼠:老鼠的属性、方法。

将类具体化成对象。

- 猫:Tom。
- 老鼠:Jerry。

事件:老鼠偷吃东西,触发猫捉老鼠,老鼠逃跑。

【步骤 2】 用面向对象思维描述现实生活中的对象。

下面来看看用面向对象的程序是如何分析和设计的。

类:抽象出猫类和老鼠类。

属性:定义猫类和老鼠类的"体型"属性。

方法:定义猫类的"捉老鼠"方法,老鼠类的"逃跑"方法。

事件:定义"老鼠偷吃东西"事件。

对象:将猫类实例化成 Tom 对象,老鼠类实例化成 Jerry 对象。

完成场景。

任务 2 类的定义

■ 任务分析

在面向对象的思想中最核心的就是对象,为了在程序中创建对象,首先需要定义一个类。类是对象的抽象,它用于描述一组对象的共同特征和行为。在类中可以定义字段和方法,其中字段用于描述对象的特征,方法用于描述对象的行为。

本任务以 C#控制台应用程序为载体,在程序中描述一个学校所有学生的信息,设计一个学生类(Student),在这个类中定义两个字段 name 和 age 分别表示学生的姓名和年龄,定义一个方法 Introduce()表示学生做自我介绍。

◆ 任务实施

【步骤 1】 在 Visual Studio 中新建一个 C#控制台应用程序,项目名为 ClassDefDemo。

【步骤 2】 程序代码如下:

```
using System;
using System.Collections.Generic;
using System.Linq;
```

```
using System.Text;
namespace ClassDefDemo
{
    public class Student
    {
        public string name;                        //定义 name 字段
        public int age;                            //定义 age 字段
        public void Introduce()
        {
            //方法中打印字段 name 和 age 的值
            Console.WriteLine("大家好,我叫" + name + ",我今年" + age + "岁!");
        }
    }
    class Program
    {
        static void Main(string[] args)
        {
            Student stu = new Student();            //创建学生对象
            stu.name = "李芳";                       //为对象的 name 字段赋值
            stu.age = -30;                          //为对象的 age 字段赋值
            stu.Introduce();                        //调用对象的方法
            Console.ReadKey();
        }
    }
}
```

【步骤3】 按 Ctrl+F5 键运行应用程序,运行结果如图 7-1 所示。

图 7-1 运行结果

任务3 初识属性

■ 任务分析

为了实现良好的数据封装和数据隐藏,C♯不提倡将字段的访问级别设置为 public。因为这样做,用户可以直接读写字段的值,存在不安全因素。一般将类的字段成员的访问权限设置成 private,通过属性把字段和访问它们的方法相结合。

本任务利用属性读写类中的字段,并显示具体的属性值。

所涉及的知识为类的定义、字段和属性的声明、对象的创建。

◆ 任务实施

【步骤1】 在 Visual Studio 中新建一个 C♯ 控制台应用程序,项目名为 AttributeDemo。

【步骤2】 程序代码如下:

```csharp
using System;
using System.Collections.Generic;
using System.Linq;
using System.Text;

namespace AttributeDemo
{
    class Cat
    {
        private string name;                    //private 级别

        public string Name                      //注意标识符的大小写
        {
            get { return name;}                 //get 访问器,读取字段的值
            set { name = value; }               //set 访问器,设置字段的值
        }

    }
    class Program
    {
        static void Main(string[] args)
        {
            Cat c = new Cat();
            Console.Write("请输入猫的名字: ");
            string s = Console.ReadLine();
            //调用 set 访问器设置私有字段 name 的值
            c.Name = s;
            //调用 get 访问器获取私有字段 name 的值
            Console.WriteLine("猫的名字叫{0}",c.Name);
        }
    }
}
```

【步骤3】 按 Ctrl+F5 键运行应用程序,运行结果如图 7-2 所示。

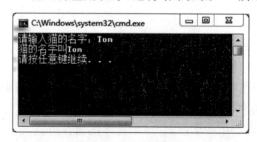

图 7-2　运行结果

任务4　使用属性

■ 任务分析

为了实现良好的数据封装和数据隐藏,C♯不提倡将字段的访问级别设置为 public。因为这样做,用户可以直接读写字段的值,存在不安全因素。如任务 2 中,将年龄赋值为一个负数-30,这在程序中不会有任何问题,但在现实生活中明显是不合理的。为了解决年龄不能为负数的问题,在设计一个类时,应该对字段的访问做出一些限定,不允许外界随意访问,这时就可以使用属性。在程序中,使用属性封装字段时,需要将字段访问级别设为 private,并通过属性的 get 和 set 访问器来对字段进行读写操作,从而保证类内部数据安全。

本任务在任务 2 的基础上,对年龄字段的访问进行限定。

◆ 任务实施

【步骤 1】　在 Visual Studio 中新建一个 C♯控制台应用程序,项目名为 AgeAttributeDemo。

【步骤 2】　程序代码如下:

```csharp
using System;
using System.Collections.Generic;
using System.Linq;
using System.Text;

namespace AgeAttributeDemo
{
    public class Student
    {
        private string name;                    //定义 name 字段
        private int age;                        //定义 age 字段

        public string Name {
            get { return name; }
            set { name = value; }
        }

        public int Age                          //定义 Age 属性
        {
            get { return age; }
            set
            {
                if (value < 6 || value > 25)
                    age = 6;
                else
                    age = value;
            }

        }
```

```
        }

        public void Introduce()
        {
            //方法中打印属性 Name 和 Age 的值
            Console.WriteLine("大家好,我叫" + Name + ",我今年" + Age + "岁!");
        }
    }
class Program
    {
        static void Main(string[] args)
        {
            Student stu = new Student();        //创建学生对象
            stu.Name = "李芳";                    //为对象的 Name 属性赋值
            stu.Age = - 30;                      //为对象的 Age 属性赋值
            stu.Introduce();                     //调用对象的方法
            Console.ReadKey();
        }
    }
}
```

【步骤 3】 按 Ctrl＋F5 键运行应用程序,运行结果如图 7-3 所示。

图 7-3　运行结果

任务 5　方法

■ 任务分析

如果在程序中需要多次计算类似的表达式,可以通过定义方法,把类似的表达式放在方法中,在需要的时候反复调用该方法,以减少代码冗余,这是方法存在的价值和意义。

本任务以 Windows 窗体应用程序为载体,定义方法,调用方法,实现求圆的面积。

所涉及的知识为类的定义、字段和属性的声明、对象的创建、方法的定义和调用。

◆ 任务实施

【步骤 1】 在 Visual Studio 中新建一个 C♯ Windows 窗体应用程序,项目名为 FunctionDemo。

【步骤 2】 添加 2 个标签控件(label1 和 label2)、1 个文本框控件(textBox1)、2 个按钮控件(button1 和 button2),适当调整控件的大小及布局,如图 7-4 所示。

【步骤3】 设计窗体及控件的属性,如表 7-2 所示,效果图如图 7-5 所示。

表 7-2 窗体及控件的属性列表

控件原来的 Name 属性	Name 属性	Text 属性	AutoSize 属性	BorderStyle 属性
Form1		方法调用示例		
label1	lblRadius	半径:		
label2	lblInfo		False	Fixed3D
textBox1	txtRadius			
button1		类内调用		
button2		类外调用		

图 7-4 程序设计界面

图 7-5 设置完属性的程序设计界面

【步骤4】 设计代码。

按 F7 键进入代码编写界面,在 Form1 类中添加圆类定义的代码如下:

```csharp
class Circle
{    //类名为 Circle
    private double radius;

    public double Radius {
        get { return radius; }
        set { radius = value; }
    }

    public double Area() {                          //求面积方法
        return 3.14 * radius * radius;
    }
    public string AreaShow() {
        return "类内调用\n 圆的半径为: " + radius + "," + "圆的面积为: " + Area();
    }
}
```

然后,在 Form1 类中添加声明对象的代码如下:

```csharp
Circle circle = new Circle();                       //声明对象 circle
```

在设计界面双击"类内调用"按钮,添加该按钮的 Click 事件代码如下:

```csharp
private void button1_Click(object sender, EventArgs e)
```

```
{
    //转换文本框中的值
    double rad = double.Parse(txtRadius.Text);
    //设置对象值
    circle.Radius = rad;
    lblInfo.Text = circle.AreaShow();          //求面积的方法在类内调用
}
```

在设计界面双击"类外调用"按钮,添加该按钮的 Click 事件代码如下:

```
private void button2_Click(object sender, EventArgs e)
{
    //转换文本框中的值
    double rad = double.Parse(txtRadius.Text);
    //设置对象值
    circle.Radius = rad;
    lblInfo.Text = "类外调用\n圆的半径为: " + circle.Radius;
    lblInfo.Text += "\n圆的面积为: " + circle.Area();
                                               //求面积的方法在类外调用
}
```

【步骤 5】 执行程序。

按 F5 键或单击工具栏的"启动调试"按钮,程序开始运行,单击"类内调用"按钮,运行结果如图 7-6 所示,单击"类外调用"按钮,运行结果如图 7-7 所示。

图 7-6　类内调用

图 7-7　类外调用

任务 6　值传递

■ 任务分析

本任务以控制台应用程序为载体,定义类 Swap,在类中定义方法 SwapByVal(int x,int y),调用该方法,实现参数传递——值传递,试图交换变量的值。

所涉及的知识为参数传递——值传递。

◆ 任务实施

【步骤 1】 在 Visual Studio 中新建一个 C♯控制台应用程序,项目名为 ClassMethod-

SwapDemo。

【步骤2】 在 Visual Studio 的"解决方案资源管理器"窗口中右击项目名 ClassMethod-SwapDemo,在弹出的快捷菜单中选择"添加"→"类"命令,类名取为 Swap。

【步骤3】 编写 Swap 类的代码:

```
class Swap{
    public void SwapByVal(int x, int y)
    {
        int temp;
        temp = x;
        x = y;
        y = temp;
    }
}
```

【步骤4】 在 Program 类的 Main() 方法中产生 Swap 类的对象,并通过该对象调用 SwapByVal 方法:

```
class Program
{
    static void Main(string[] args)
    {
        Swap swap = new Swap();
        int a = 5, b = 8;
        Console.WriteLine("交换前,a = {0},b = {1}。",a,b);
        swap.SwapByVal(a,b);
        Console.WriteLine("交换后,a = {0},b = {1}。",a,b);
        Console.ReadKey();
    }
}
```

【步骤5】 运行程序,结果如图 7-8 所示。

a、b 的值为什么没有交换呢? 这是由于实参 a、b 和形参 x、y 进行了值传递。形参 x、y 的变化不会影响到实参 a、b。

图 7-8 值传递运行结果图

任务7 ref 参数

■ 任务分析

本任务以控制台应用程序为载体,使用 ref 参数定义方法,并调用方法,实现引用参数传递,试图交换变量的值。

所涉及的知识为引用参数传递——ref 参数。

◆ 任务实施

【步骤 1】 在 Visual Studio 中新建一个 C♯控制台应用程序,项目名为 ClassMethod-RefDemo。

【步骤 2】 在 Visual Studio 的"解决方案资源管理器"窗口中右击项目名 ClassMethod-RefDemo,在弹出的快捷菜单中选择"添加"→"类"命令,类名取为 Swap。

【步骤 3】 编写 Swap 类的代码:

```
class Swap{
public void SwapByRef(ref int x, ref int y)
{
    int temp;
    temp = x;
    x = y;
    y = temp;
    }
}
```

【步骤 4】 在 Program 类的 Main()方法中产生 Swap 类的对象,并通过该对象调用 SwapByRef 方法:

```
class Program
{
    static void Main(string[] args)
    {
      Swap swap = new Swap();
      int a = 5, b = 8;
      Console.WriteLine("交换前,a = {0},b = {1}。",a,b);
      swap.SwapByRef(ref a, ref b);    // ref 参数使用前必须赋值
      Console.WriteLine("交换后,a = {0},b = {1}。",a,b);
      Console.ReadKey();
    }
}
```

【步骤 5】 运行程序,结果如图 7-9 所示,完成了两个数的交换。

图 7-9 ref 参数运行结果图

任务8 out 参数

■ 任务分析

一个方法只能返回一个值,但实际应用中常常需要方法能够返回多个值,这时只靠 return 语句显然是无能为力的,这就需要使用 out 参数实现这种功能。

本任务以控制台应用程序为载体,使用 out 参数定义方法,并调用方法,实现引用参数传递,实现使用 out 参数从方法返回结果。

所涉及的知识为引用参数传递—out 参数。

◆ 任务实施

【步骤 1】　在 Visual Studio 中新建一个 C♯控制台应用程序,项目名为 ClassMethod-OutDemo。

【步骤 2】　在 Visual Studio 的"解决方案资源管理器"窗口中右击项目名 ClassMethod-OutDemo,在弹出的快捷菜单中选择"添加"→"类"命令,类名取为 Rectangle。

【步骤 3】　编写 Rectangle 类的代码,定义 CalRectangle 方法:

```csharp
class Rectangle{
    int width;
    public int Width
    {
        get{return width;}
        set{width = value;}
    }
    int height;
    public int Height
    {
        get{return height;}
        set{height = value;}
    }
    public double CalRectangle(out double area)
    {
        area = Width * Height;
        return 2 * (Width + Height);
    }
}
```

【步骤 4】　在 Program 类的 Main()方法中产生 Rectangle 类的对象,并通过该对象调用 CalRectangle 方法:

```csharp
class Program
{
    static void Main(string[] args)
    {
        Rectangle rec = new Rectangle();
        rec.Width = 5;
        rec.Height = 8;
        double area;
        double length = rec.CalRectangle(out area);    //out 参数使用前不需要赋值
        Console.WriteLine("矩形的周长为{0},面积为{1}.",length,area);
        Console.ReadKey();
    }
}
```

【步骤 5】　运行程序,结果如图 7-10 所示,矩形的周长由 CalRectangle 方法的返回值得到,矩形的面积由 out 参数带回。

图 7-10   out 参数运行结果图

任务 9   方法重载

■ 任务分析

一个方法的名字和形式参数、修饰符及类型共同构成了这个方法的签名,同一个类中不能有相同签名的方法。如果一个类中有两个或两个以上的方法同名,而它们的形式参数有所不同是允许的,即重载的方法,它们属于不同的方法签名。但是仅仅是返回类型不同的同名方法,不是重载方法,编译器是不能识别的。

本任务以 C# Windows 窗体应用程序为载体,编写一个简易的计算器,利用方法重载实现对两个整数、浮点型和字符型数据求和的功能。因此需要定义 3 个同名但参数不同的方法,不同类型数据的求和可以采用不同命令按钮 Click 事件触发。

所涉及的知识为方法重载。

◆ 任务实施

【步骤 1】   在 Visual Studio 中新建一个 C# Windows 窗体应用程序,项目名为 Method-OverloadDemo。

【步骤 2】   添加 3 个标签控件(label1~label3)、2 个文本框控件(textBox1 和 textBox2)、3 个按钮控件(button1~button3),适当调整控件的大小及布局,如图 7-11 所示。

【步骤 3】   设计窗体及控件属性,如表 7-3 所示。效果图如图 7-12 所示。

表 7-3   窗体及控件的属性列表

控件原来的 Name 属性	Name 属性	Text 属性	AutoSize 属性	BorderStyle 属性
Form1		方法重载示例		
label1		数据 1：		
label2		数据 2：		
label3	lblInfo		False	Fixed3D
textBox1	txtA			
textBox2	txtB			
button1		整数求和		
button2		实数求和		
button3		字符求和		

图 7-11 程序设计界面　　　　　　图 7-12 设置完属性的程序设计界面

【步骤 4】 设计代码。

按 F7 键进入代码编写界面,在 Form1 类定义的类体中添加声明用于计算两个数据的和的方法,代码如下:

```
public int Sum(int a, int b)
{
  return a + b;
}
public double Sum(double a, double b)
{
  return a + b;
}
public int Sum(char a, char b)
{
  return a + b;
}
```

在设计界面双击"整数求和"按钮,添加"整数求和"按钮的 Click 事件代码如下:

```
private void button1_Click(object sender, EventArgs e)
{
    int a, b;
    a = int.Parse(txtA.Text);
    b = int.Parse(txtB.Text);
    lblInfo.Text = "两个整数的和是:" + Sum(a,b);
}
```

添加"实数求和"按钮的 Click 事件代码如下:

```
private void button2_Click(object sender, EventArgs e)
{
    double a, b;
    a = double.Parse(txtA.Text);
    b = double.Parse(txtB.Text);
    lblInfo.Text = "两个实数的和是:" + Sum(a,b);
}
```

添加"字符求和"按钮的 Click 事件代码如下:

```
private void button3_Click(object sender, EventArgs e)
{
    char a, b;
    a = char.Parse(txtA.Text);
    b = char.Parse(txtB.Text);
    lblInfo.Text = "两个字符数据的和是:" + Sum(a,b);
}
```

【步骤 5】 执行程序。

按 F5 键或单击工具栏上的"启动调试"按钮,程序开始运行,运行结果如图 7-13～图 7-15 所示。

图 7-13　整数求和

图 7-14　实数求和

图 7-15　字符求和

任务 10　构造方法

■ 任务分析

在 C# 中,构造方法具有如下的特点:

(1) 构造方法的名称必须与类名相同。

(2) 构造方法没有返回类型(连 void 也没有),它可以带参数,也可以不带参数。

(3) 产生类对象时,系统自动调用构造方法。

（4）构造方法的作用是为对象分配存储空间，对数据成员进行初始化。

（5）构造方法也可以重载，从而为初始化对象提供不同的方法。

本任务以 C♯ Windows 窗体应用程序为载体，定义学生类，该类具有 3 个属性 Name、Age、Hobby，分别表示姓名、年龄和爱好。如果传入的姓名为空，则赋默认值 unknown；年龄不能低于 18 岁，如果传入的爱好为空，则赋默认值 dancing。分别为学生类定义无参构造方法及带参数的构造方法。通过调用学生类的不同构造方法，实例化出学生类的不同对象，并输出不同学生对象的各属性的值。定义学生类 1，该类具有 3 个属性 Name、Age、Hobby，分别表示姓名、年龄和爱好。如果传入的姓名为空，则赋默认值 unknown；年龄不能低于 18 岁，如果传入的爱好为空，则赋默认值 dancing。不为学生类 1 定义构造方法。通过调用学生类 1 的默认构造方法，实例化出学生类 1 的对象，并输出该对象的各属性的值，此时会将学生类 1 的对象成员初始化为相应类型的默认值。

所涉及的知识为类的定义、字段和属性的声明、对象的创建、构造方法的定义和调用。

◆ 任务实施

【步骤 1】 在 Visual Studio 中新建一个 C♯ Windows 窗体应用程序，项目名为 ConstructorDemo。

【步骤 2】 在 Visual Studio 的"解决方案资源管理器"窗口中右击项目名 ConstructorDemo，在弹出的快捷菜单中选择"添加"->"类"命令，类名取为 Student；用同样的方法，再添加一个类，取名为 Student1。

【步骤 3】 编写 Student 类的代码：

```
class Student
{
    private string name;
    public string Name
    {
        get { return name; }
        set
        {
            if (value.Length == 0)
            {
                name = "unknown";
            }
            else
            {
                name = value;
            }
        }
    }
    private int age;
    public int Age
    {
        get { return age; }
        set
        {
```

```
                if (value < 18)
                {
                    age = 18;
                }
                else
                {
                    age = value;
                }
            }
        }
        private string hobby;
        public string Hobby
        {
            get { return hobby; }
            set
            {
                if (value.Length == 0)
                {
                    hobby = "dancing";
                }
                else
                {
                    hobby = value;
                }
            }
        }
        public Student()                          //无参构造方法
        {
            Name = "Zhangsan";
            Age = 20;
            Hobby = "reading";
        }
        public Student(string name, int age, string hobby)     //带参数的构造方法
        {
            Name = name;
            Age = age;
            Hobby = hobby;
        }
    }
```

【步骤 4】 编写 Student1 类的代码：

```
class Student1
{
    private string name;
    public string Name
    {
        get { return name; }
        set
        {
            if (value.Length == 0)
```

```
        {
            name = "unknown";
        }
        else
        {
            name = value;
        }
    }
}
private int age;
public int Age
{
    get { return age; }
    set
    {
        if (value < 18)
        {
            age = 18;
        }
        else
        {
            age = value;
        }
    }
}
private string hobby;
public string Hobby
{
    get { return hobby; }
    set
    {
        if (value.Length == 0)
        {
            hobby = "dancing";
        }
        else
        {
            hobby = value;
        }
    }
}
}
```

【步骤5】 向窗体中添加 4 个标签控件(label1~label4)、3 个文本框控件(textBox1~textBox3)、3 个按钮控件(button1~button3),适当调整控件的大小及布局,如图 7-16 所示。

【步骤6】 设计窗体及控件属性,如表 7-4 所示。效果图如图 7-17 所示。

表 7-4　窗体及控件的属性列表

控件原来的 Name 属性	Name 属性	Text 属性	AutoSize 属性	BorderStyle 属性
Form1		构造方法示例		
label1		姓名：		
label2		年龄：		
label3		爱好：		
label4	lblInfo		False	Fixed3D
textBox1	txtA			
textBox2	txtB			
textBox3	txtC			
button1		默认构造方法		
button2		无参构造方法		
button3		带参构造方法		

图 7-16　程序设计界面

图 7-17　设置完属性的程序设计界面

【步骤 7】　在设计界面双击"默认构造方法"按钮,添加"默认构造方法"按钮的 Click 事件代码如下：

```
private void button1_Click(object sender, EventArgs e)
{
    Student1 student1 = new Student1();
    lblInfo.Text = "默认构造方法\n\n我的姓名是：  " + student1.Name + "。\n\n我的年龄是：  " + student1.Age + "。\n\n我的爱好是：  " + student1.Hobby + "。";
}
```

【步骤 8】　在设计界面双击"无参构造方法"按钮,添加"无参构造方法"按钮的 Click 事件代码如下：

```
private void button2_Click(object sender, EventArgs e)
{
    Student student = new Student();
    lblInfo.Text = "无参构造方法\n\n我的姓名是：  " + student.Name + "。\n\n我的年龄是：  " + student.Age + "。\n\n我的爱好是：  " + student.Hobby + "。";
}
```

【步骤 9】　在设计界面双击"带参构造方法"按钮,添加"带参构造方法"按钮的 Click 事件代码如下：

```
private void button3_Click(object sender, EventArgs e)
{
    string name = txtA.Text;
    int age = int.Parse(txtB.Text);
    string hobby = txtC.Text;
    Student student = new Student(name,age,hobby);
    lblInfo.Text = "带参构造方法\n\n 我的姓名是： " + student.Name + "。\n\n 我的年龄
是： " + student.Age + "。\n\n 我的爱好是： " + student.Hobby + "。";
}
```

【步骤 10】　执行程序。

按 F5 键或单击工具栏上的"启动调试"按钮，程序开始运行，运行结果如图 7-18～图 7-21
所示。

图 7-18　调用默认构造方法运行结果　　　图 7-19　调用无参构造方法运行结果

图 7-20　调用带参构造方法运行结果　　图 7-21　调用带参构造方法运行结果（传入的
　　　　　　　　　　　　　　　　　　　　　　　姓名、爱好为空，年龄低于 18 岁）

任务 11　静态成员

■ 任务分析

本任务以 C♯ Windows 窗体应用程序为载体，在程序中定义一个长方体类，该类除了
包含非静态成员外，还包含一个静态数据成员用于统计长方体个数，一个静态方法用于返回

长方体个数。

所涉及的知识为类的静态成员的定义和使用。

◆ 任务实施

【步骤 1】　在 Visual Studio 中新建一个 C# Windows 窗体应用程序,项目名为 StaticDemo。

【步骤 2】　在 Visual Studio 的"解决方案资源管理器"窗口中右击项目名 StaticDemo,在弹出的快捷菜单中选择"添加"→"类"命令,类名取为 Cuboid。

【步骤 3】　编写 Cuboid 类的代码:

```
class Cuboid
{
    private double length;
    private double width;
    private double high;

    private static int cuboidNumber;

    public double Length {
        get { return length; }
        set { length = value; }
    }
    public double Width
    {
        get { return width; }
        set { width = value; }
    }
    public double High
    {
        get { return high; }
        set { high = value; }
    }

    public Cuboid(double l, double w, double h)
    {
        length = l;
        width = w;
        high = h;
        cuboidNumber++;                //每创建一个长方体对象,该静态变量值就加 1
    }
    public static int GetCuboidNumber() {
        return cuboidNumber;
    }
}
```

【步骤 4】　程序设计界面。

在窗体中添加 4 个标签控件(label1～label4)、3 个文本框控件(textBox1～textBox3)、1 个按钮控件(button1),适当调整控件的大小及布局,如图 7-22 所示。

【步骤 5】　设计窗体及控件属性。

窗体及控件的属性列表如表 7-5 所示。设置完属性的程序设计界面效果图如图 7-23 所示。

表 7-5 窗体及控件的属性列表

控件原来的 Name 属性	Name 属性	Text 属性	AutoSize 属性	BorderStyle 属性
Form1		静态成员示例		
label1		长：		
label2		宽：		
label3		高：		
label4	lblInfo		False	Fixed3D
textBox1	txtA			
textBox2	txtB			
textBox3	txtC			
button1		创建对象		

图 7-22 程序设计界面

图 7-23 设置完属性的程序设计界面

【步骤 6】 在设计界面双击"创建对象"按钮,添加"创建对象"按钮的 Click 事件代码如下:

```
private void button1_Click(object sender, EventArgs e)
{
    double l = double.Parse(txtA.Text);
    double w = double.Parse(txtB.Text);
    double h = double.Parse(txtC.Text);
    Cuboid cuboid = new Cuboid(l,w,h);
    lblInfo.Text = "对象创建成功\n\n 最后一个长方体对象的长、宽、高为:\n";
    lblInfo.Text += cuboid.Length + "、" + cuboid.Width + "、" + cuboid.High;
    lblInfo.Text += "\n\n 长方体对象的个数" + Cuboid.GetCuboidNumber();
}
```

【步骤 7】 执行程序。

按 F5 键或单击工具栏上的"启动调试"按钮,程序开始运行,运行结果如图 7-24 和图 7-25 所示。

图 7-24   创建长方体对象(一)   图 7-25   创建长方体对象(二)

任务 12   this 关键字

■ 任务分析

本任务以 C♯控制台应用程序为载体,借助定义学生类,熟悉并掌握 this 关键字的用法。

所涉及的知识为 this 关键字的用法。

◆ 任务实施

【步骤 1】   在 Visual Studio 中新建一个 C♯控制台应用程序,项目名为 ThisDemo。

【步骤 2】   在 Visual Studio 的"解决方案资源管理器"窗口中右击项目名 ThisDemo,在弹出的快捷菜单中选择"添加"→"类"命令,类名取为 Student。用同样的方法,再添加一个类,取名为 SuoYin。

【步骤 3】   编写 Student 类的代码:

```
class Student
{
    public string name;
    public int age;

    public Student()
    {
        Console.WriteLine("调用无参构造方法：");
        this.name = "Zhangsan";          //此处 this 可以省略
        this.age = 20;                   //此处 this 可以省略
    }
    public Student(string name)
    {
        Console.WriteLine("调用一个参数构造方法：");
        this.name = name;                //此处不能省略 this
    }
```

```
public Student(string name,int age):this(name) //通过 this 关键字调用重载的构造方法
{
    Console.WriteLine("调用两个参数构造方法: ");
    this.age = age;
}
public void Say()
{
    Console.WriteLine("I am a student. My name is {0},my age is {1}",name ,age);
}
public void SayHi()
{
    Console.Write("Hi,");
    this.Say();                                //此处 this 可以省略
}
}
```

【步骤 4】 编写 SuoYin 类的代码。

```
class SuoYin
{
    public string[] people = {"zhangsan","lisi","wangwu"};
    public string this[int index]
    {
        get
        {
            if (index >= 0 && index < people.Length)
            {
                return people[index];
            }
            else
            {
            return people [0];
            }
        }
        set
        {
            if (index >= 0 && index < people.Length)
            {
                people[index] = value;
            }
            else
            {
                people[0] = value;
            }
        }
    }
}
```

【步骤 5】 在 Program 类的 Main()方法中创建 Student 类的对象,并通过该对象调用 SayHi 方法,输出对象的各属性的值;再创建 SuoYin 类的对象,通过访问索引器,输出对象的相关信息。

```
class Program
{
    static void Main(string[] args)
    {
        Console.WriteLine(" ------------- 访问当前对象成员 ------------- ");
        Student student = new Student();
        student.SayHi();

        Student student1 = new Student("周一然");
        student1.SayHi();

        Student student2 = new Student("周一然",22);
        student2.SayHi();

        Console.WriteLine(" ------------------- 索引器 ------------------- ");
        SuoYin sy = new SuoYin();
        sy[0] = "周二然";
        Console.WriteLine(sy[0]);
        Console.WriteLine(sy[1]);
        Console.WriteLine(sy[2]);
        Console.WriteLine(sy[3]);
    }
}
```

【步骤 6】 按 Ctrl＋F5 键运行程序。运行结果如图 7-26 所示。

图 7-26　this 关键字运行结果图

项目小结

本项目通过 12 个典型任务诠释了面向对象基础知识。主要介绍了面向对象基本概念——类、对象、封装,类的定义和对象的创建。通过声明类并生成对象体现了面向对象的重要特性——封装。类成员包括字段、属性、方法、索引器等。在方法部分,对方法定义、方法参数传递、构造方法、方法重载进行了详细地介绍。通过本项目的学习,读者可以设计面向对象应用程序了。

拓展实训

一、实训的目的和要求

（1）掌握面向对象应用程序设计的基本步骤。

（2）掌握类的定义，包括字段、属性、普通方法、构造方法等的定义方法。

（3）掌握创建对象的方法。

二、实训内容

1）类的定义和实例化

（1）创建一个 C♯ 控制台应用程序，项目名为 ch07_task01，定义一个矩形类 Rectangle，实现对矩形类的封装。Rectangle 类中包括私有字段长度 length、宽度 width，以公开方式访问字段的属性 Length 和 Width，成员方法 Area() 实现计算矩形的面积。在 Main() 方法中创建 Rectangle 类对象，通过属性给长度和宽度赋值，输出各属性值，并调用 Area() 方法输出面积值。

（2）创建一个 C♯ 控制台应用程序，项目名为 ch07_task02，定义 Book 类，包含属性 BookName、Author、Price，分别表示书名、作者、价格。如果传入的书名为空，则赋默认值 unkownbook；如果传入的作者姓名为空，则赋默认值 unkownauthor；且价格不能低于 5。实例化 Book 的一个对象，并访问（包括给属性赋值、输出属性的值）属性。

（3）创建一个 C♯ 控制台应用程序，项目名为 ch07_task03，定义教师类，包括属性姓名、年龄、月薪。如果传入的姓名为空，则赋默认值 unknownname，且年龄不能低于 24，月薪不能低于 3000。同时定义 Say() 方法，用于输出各属性的值。实例化教师类的一个对象，并给属性赋值、调用 Say() 方法。

2）方法参数传递

（1）创建一个 C♯ 控制台应用程序，项目名为 ch07_task04，定义一个圆类，定义属性半径和求圆的周长、面积的方法 CalCircle，该方法返回圆的周长，同时用 out 参数对外传送圆的面积。实例化出该类的对象，调用方法 CalCircle，输出圆的周长和面积。

（2）创建一个 C♯ 控制台应用程序，项目名为 ch07_task05，定义工资类 Salary，类中包含根据税前工资计算税后工资的方法。低于 3000 不缴税，超出 3000 的部分交 5% 的税：

① 定义 GetSalary，用值传递，返回税后工资。

② 定义 GetSalaryByRef，用 ref 传递参数，获取税后工资。

③ 定义 GetSalaryByOut，用 out 传递参数，获取税后工资。

实例化出 Salary 类的对象，分别调用上述 3 个方法，输出税后工资。

3）方法重载和构造方法

在项目 ch07_task02 的基础上，为 Book 类定义无参构造方法及带参构造方法，同时定义 Display() 方法，用于输出各属性的值。通过调用 Book 类的不同构造方法，实例化出 Book 类的不同对象，调用 Display() 方法。

4）综合运用面向对象技术设计面向对象程序

创建一个 C♯ 控制台应用程序，项目名为 ch07_task06，定义三角形类 Triangle，把 3 条边的边长定义为字段，并针对 3 条边声明相应的属性，定义一个静态字段用来统计三角形对象的个数,定义一个静态方法,用于返回三角形对象个数,定义一个无参的构造方法,将 3 条边边长分别初始化为 3、4、5,定义一个含有一个参数的构造方法,用于为三角形的某一边进行初始化,定义一个含有 3 个参数的构造方法(请调用含有一个参数的构造方法),用于设置 3 条边的边长,定义返回三角形周长的 GetL 方法和三角形面积的 GetArea 方法。编写 Program 类的 Main()方法的代码,分别调用 Triangle 类的不同构造方法生成不同对象,分别求它们的周长和面积,统计三角形对象的个数。

习题

一、选择题

1. 下列选项中不属于面向对象特性的是(　　)。

    A. 封装性　　　　　　B. 继承性　　　　　　C. 多态性　　　　　　D. 可移植性

2. 在面向对象的思想中,类是对某一类事物的(　　),而对象则表示现实中该类事物的(　　)。

    A. 简单概括,个体　　　　　　　　　　B. 抽象描述,整体

    C. 抽象描述,个体　　　　　　　　　　D. 简单概括,整体

3. 在定义一个构造方法时,需要遵循以下哪些条件?(　　)(多选)

    A. 方法名必须和类名相同

    B. 方法名前面没有返回值类型的声明

    C. 方法名前面可以有返回值类型的声明,也可以没有

    D. 在方法中不能使用 return 语句

4. 下列选项中,可以使用 this 关键字修饰的是(　　)。(多选)

    A. 成员变量　　　　　B. 成员方法　　　　　C. 类　　　　　　　　D. 构造方法

5. 关于构造方法的描述,下列说法正确的是(　　)。(多选)

    A. 系统默认情况下为每个类提供了一个无参的构造方法

    B. 构造方法在一个对象被创建时自动执行

    C. 构造方法可以重载

    D. 一个类中只能定义一个构造方法

6. 下列选项中,可以使用 static 关键字修饰的是(　　)。(多选)

    A. 成员变量　　　　　B. 成员方法　　　　　C. 代码块　　　　　　D. 类

7. 关于 C♯ 中类的描述,下列说法正确的是(　　)。(多选)

    A. 类中只能有变量定义和成员方法的定义,不能有其他语句

    B. 构造方法是类中的特殊方法

    C. 类一定要声明为 public 的,才可以执行

    D. 一个.cs 文件中可以有多个 class 定义

8. 下面这段代码是 Test 类的定义:

```
public class Test {
    public Test(float a,float b){ }
        _____
}
```

下列方法中,将(　　)方法填写在空白处会产生编译错误。

    A. public Test(float a, float b, float c) { }

    B. public Test(float c, float d) { }

    C. public Test(int a, int b) { }

    D. public Test(String a, String b, String c) { }

9. 类的字段和方法的默认访问修饰符是(　　)。

    A. public   B. private   C. protected   D. internal

10. 下列关于对象占用内存的说法,正确的是(　　)。

    A. 同一个类创建的对象占用的是同一段内存空间

    B. 成员变量和成员方法不占用内存

    C. 同一个类创建的对象占用的是不同的内存段

    D. 以上说法都不对

11. 下列关于构造方法重载的特征描述,正确的是(　　)。(多选)

    A. 参数类型不同   B. 参数个数不同   C. 参数顺序不同   D. 参数名称不同

12. 下列选项中,关于类 A 的构造方法定义正确的是(　　)。

    A. void A(int x){…}   B. public A(int x){…}

    C. public a(int x){…}   D. static a(int x){…}

13. 定义一个 Age 属性,表示用户的年龄,控制该属性的值在 0~130 之间,请将代码补充完整。(　　)

```
private int age;
public int Age
{
  get
  {
     return age;
  }
     set
     {
        _____
     }
}
```

    A. if (value > 0 && value < 130)

        {

            age = value;

        }

    B. if (value > 0 && value < 130)

        {

            value = age;

        }

    C. if (value > 0 || value < 130)

        {

            age = value;

        }

D. if (value > 0 || value < 130)
```
    {
            value = age;
    }
```

14. 下列代码中 x 的输出结果是（   ）。

```
private int Add(ref int x, int y)
{
    x = x + y;
    return x;
}
static void Main(string[] args)
{
    Program pro = new Program();
    int x = 30;
    int y = 40;
    Console.WriteLine(pro.Add(ref x, y));
    Console.WriteLine(x);
}
```

   A. 70   B. 30   C. 40   D. 0

15. 下面程序的输出结果是（   ）。

```
int i = 2000;
object o = i;
i = 2001;
int j = (int) o;
Console.WriteLine("i={0},o={1}, j={2}",i,o,j);
```

   A. i＝2001,o＝2000,j＝2000   B. i＝2001,o＝2001,j＝2001
   C. i＝2000,o＝2001,j＝2000   D. i＝2001,o＝2000,j＝2001

16. 装箱、拆箱操作发生在（   ）。
   A. 类与对象之间   B. 对象与对象之间
   C. 引用类型与值类型之间   D. 引用类型与引用类型之间

17. 以下关于 ref 和 out 的描述错误的是（   ）。
   A. 使用 ref 参数,传递到 ref 参数的参数必须最先初始化
   B. 使用 out 参数,传递到 out 参数的参数必须最先初始化
   C. 使用 ref 参数,必须将参数作为 ref 参数显式传递到方法
   D. 使用 out 参数,必须将参数作为 out 参数显式传递到方法

18. 下面关于静态方法的描述中,错误的是（   ）。
   A. 静态方法属于类,不属于实例
   B. 静态方法能用类名调用
   C. 静态方法能定义非静态的局部变量
   D. 静态方法能访问非静态成员

二、判断题

1. 在 C♯ 程序中,可以使用关键字 new 来创建类的实例对象。   （   ）

2．类是对象的模板，对象是类的实例。　　　　　　　　　　　　　　（　　）

3．一个类只能创建一个相应的对象。　　　　　　　　　　　　　　　（　　）

4．所谓属性是指在定义一个类时，将类中的字段私有化。　　　　　　（　　）

5．实例方法也可以通过"类名.方法名"的方式来调用。　　　　　　　（　　）

6．定义在类中的变量称为成员变量，定义在方法中的变量称为局部变量。（　　）

7．静态变量可以被所有实例所共享。　　　　　　　　　　　　　　　（　　）

8．static 关键字即可以修饰成员变量，又可以修饰局部变量。　　　　（　　）

9．使用运算符 new 创建对象时，赋给对象的值实际上是一个地址值。　（　　）

10．在构造方法中，this 和 base 关键字可以同时使用。　　　　　　（　　）

11．类中声明的属性往往具有 get()和 set()两个访问器。　　　　　（　　）

12．在 C♯中，类的静态成员方法不能对非静态的数据成员进行操作。（　　）

13．在 C♯中，类的构造方法可以重载，析构方法也可以重载。　　　（　　）

14．在 C♯中，定义一个类时，声明了一个构造方法，则编译器不会再提供默认的构造方法。　　　　　　　　　　　　　　　　　　　　　　　　　　　　（　　）

15．在 C♯中，在类的属性声明中，只有 get 访问器，表明该属性只能读出不能写入。　　　　　　　　　　　　　　　　　　　　　　　　　　　　　　（　　）

三、程序分析题

1．请阅读下面的程序，分析代码是否能够编译通过，如果能编译通过，请列出运行的结果；否则请说明编译失败的原因。

```
public class Test
{
    static void Main(string[] args)
    {
        Test test = new Test();
        test.add();
        test.add(5);
        test.add(6, 8);
        test.add(5.0, 5.5);
        Console.ReadKey();
    }
    public void add()
    {
        Console.WriteLine("NO");
    }
    public void add(int i)
    {
        Console.WriteLine(i);
    }
    public void add(int a, int b)
    {
        Console.WriteLine(a + b);
    }
}
```

2．阅读下面的程序，分析代码是否能够编译通过，如果能编译通过，请列出运行的结果；否则请说明编译失败的原因。

```
public class Test
  {
      public static void Main(string[] args)
      {
        Person p = new Person();   //实例化 Person 对象
        Console.ReadKey();
      }
  }
 public class Person
{
      public Person(int age)
      {
          Console.WriteLine("构造方法被调用了");
      }
}
```

四、编程题

1. 假设在学生管理系统中有一个学生信息管理的类，它包含以下属性：姓名、年龄、出生年月、家庭住址、班级、入学年份等信息。请编程实现该类的定义。

2. 编写一个控制台应用程序，完成下列功能。

（1）创建一个类，用无参数的构造函数输出该类的类名。

（2）增加一个重载的构造函数，带有一个 string 类型的参数，在此构造函数中将传递的字符串打印出来。

（3）在 Main 方法中创建属于这个类的一个对象，不传递参数。

（4）在 Main 方法中创建属于这个类的另一个对象，传递一个字符串"This is a string."。

（5）写出运行程序应该输出的结果。

3. 请按照以下要求设计一个计算机类 Computer，并进行测试。

要求如下：

（1）Computer 类中定义一个静态变量 cpu。

（2）Computer 类中定义一个静态方法 Info()，用于输出计算机的 cpu 信息。

（3）在 main()方法中为静态变量 cpu 赋值，并调用静态方法 Info()输出计算机的 cpu 相关信息。

4. 请按照以下要求设计一个学生类 Student，并进行测试。

要求如下：

（1）Student 类中包含姓名（name）、性别（sex）、年龄（age）3 个属性。

（2）Student 类中定义一个接收 name、sex 两个参数的构造方法和一个接收 name、sex、age 3 个参数的构造方法。

（3）Student 类中定义一个 Introduce()方法，用于输出对象的自我介绍信息，如"大家好！我叫小华，我是一个女孩，我今年 10 岁"。

（4）在 main()方法中创建两个 Student 类的实例对象 s1 和 s2，在构造方法中为属性

name、sex、age 赋值。然后使用这两个对象分别调用 Introduce()方法,输出 s1 和 s2 的相关信息。

5. 请按照以下要求设计一个书籍类 Book,并进行测试。

要求如下:

(1) Book 类中包含名称(title)、页数(pageNum)两个字段。

(2) Book 类中使用封装的思想定义 Title 和 PageNum 两个属性。

(3) Booke 类中定义一个 Detail()方法,用于输出书籍的名称以及页数信息。

(4) 在 Main()方法中创建一个 Book 类的实例对象 book,并通过 Title、PageNum 为 title、pageNum 属性赋值,最后调用 detail()方法,输出 book 相关信息。

项目 8

使用继承和多态开发程序

 项目情境

在项目 7 中，软件公司的小张系统地学习了面向对象的基本编程知识，但在实际开发面向对象应用程序时，还需要一些面向对象高级编程技术，于是小张又开始了学习面向对象高级编程技术之旅。

面向对象的三大特性是：封装性、继承性和多态性。在项目 7 中，学习了如何声明类并生成对象，体现了面向对象的封装性。但在现实世界中，各类对象之间还存在其他的联系，如继承性、多态性。继承允许在基类上创建派生类，其中派生类能够继承基类的属性和方法。多态性允许派生类对继承来的基类中的同一行为操作，做出不同的解释，最后产生不同的执行结果。

下面我们就跟小张一起踏上学习面向对象高级编程技术之旅。

 学习重点与难点

➤ 继承
➤ 多态
➤ 接口

学习目标

➤ 理解并使用继承
➤ 理解并使用多态性
➤ 理解重写的概念
➤ 理解接口的概念

 任务描述

任务 1　继承中的构造方法
任务 2　隐藏从基类继承的成员
任务 3　虚方法和方法重写
任务 4　抽象类和抽象方法

任务5 使用接口

相关知识

知识要点：

➢ 继承

➢ 多态

➢ 接口

知识点1 继承

1. 继承的基本概念

事物总是在不断发展变化的，设计好的程序也不可能永远适应这种发展变化，需要不断进行完善和扩充，继承为面向对象程序设计提供了一条有效途径，既能最大限度地利用已有的程序设计成果，又能方便地对已有的程序设计成果进行完善。继承是面向对象程序设计方法的最重要特征之一。继承就是在已有类的基础上建立新类的机制，新的类既具备原有类的功能和特点，又可以将这些功能在原有基础上进行拓展。由于新的类是由原来的类发展而来，所以又被称为原有类的派生类（子类），而原有类就是新类的基类（父类）。

继承最主要的优点是代码重用，基类中除了构造方法和析构方法之外的所有成员都能被派生类自动获得。在设计类时，可以将公共的特征和功能划分到基类中，并利用继承性由所有的派生类自动获得，在派生类中再定义具体特殊的特征和功能。

在C♯中的继承主要有以下几个特点：

（1）继承的可传递性。在人类社会中，如果祖辈买了一栋房子，父辈买了一辆汽车，子辈开了一个公司，则房子、汽车、公司都是子辈的财产，只不过房子、汽车都是子辈从祖辈、父辈继承来的。在面向对象的程序设计语言中，继承也具有传递性。即类的继承是可以传递的，如果类C从类B中派生，类B又从类A中派生，那么C不仅继承了B中声明的成员，同样也继承了A中声明的成员。

（2）继承的单一性。继承的单一性是指派生类只能从一个基类中继承，不能同时继承多个基类。即子类只能继承一个父类，不能同时继承多个父类。C♯不支持类的多重继承，但可以通过接口实现多重继承。

（3）派生类不能继承基类的构造方法、析构方法和私有成员。

（4）使用sealed关键字修饰的类，被称为密封类，不能被继承。

（5）用static修饰的类，被称为静态类，静态类是仅包含静态方法的密封类，也不能被继承。

（6）Object类是所有类的基类。

在理解了继承的基本知识后，来学习一个特殊的类——Object。C♯语言支持继承机制，该机制允许基于某一个已经定义的类来创建一个新类。类的继承将人们认识世界时形成的概念体系引入到程序设计领域。现实世界中的许多实体之间存在联系，形成了人们认识的层次概念结构。类的继承性为面向对象程序设计构建一个分层次结构体系创造了条件。事实上，.NET框架类库就是一个庞大的分层类结构体系，其中，Object类就是最基本的类,处于该体系的最高层,其他所有类都是直接或间接由 Object 类继承而来的。即使是用户自定义类时不指定父类,编译器也会自动将该自定义类作为 Object 类的派生类。

C♯专门设计了 object 关键字,用来声明 Object 类。

```
object obj = new object();
```

由于 C♯中所有的类都直接或间接继承于 Object 类,因此每个对象都可以赋给 Object 变量。我们可以把值类型变量赋给 object 类型。

```
int n = 100;
object obj = n;
```

上述操作,在 C♯中称为装箱。装箱操作允许将值类型变量隐式转换为引用类型变量。装箱后的数据可以再拆箱,将其赋给变量 i,但拆箱操作要用显式类型转换:

```
int i = (int)obj;
```

2. 派生类

通过继承,派生类能自动获得基类的除了构造方法和析构方法以外的所有成员,可以在派生类中添加新的属性和方法以扩展其功能。

在声明派生类(子类)时,派生类名称后紧跟一个冒号,冒号后指定基类的名称。声明派生类的语法如下:

```
[访问修饰符] class 派生类类名:基类类名
{
    //派生类成员定义
}
```

3. 与继承相关的访问权限

前面使用了两种常用的类成员访问权限。

(1) public:所有外界类均可访问此成员。

(2) private:所有外界类均不可访问此成员。

这里,在形成继承关系的两个类之间,就有了一种与继承相关的类成员访问权限——protected。如果类成员用 protected 修饰,则所有外界类(即类的外部)均不可访问此成员,但本类和子类可以访问此成员。

通过下面的代码进一步说明子类可以访问父类的哪些成员。

```
class Parent
{
    public int publicField;
    protected int protectedField;
    private int privateField;
}
class Son:Parent
{
    public Son()
```

```
    {
        publicField = 1;              //正确,子类可以访问父类的公有字段
        protectedField = 2;           //正确,子类可以访问父类的保护字段
        privateField = 3;             //错误,子类不可以访问父类的私有字段
    }
}
```

子类可以访问父类的公有字段和保护字段,而外界则只能访问公有字段。

```
class Program
{
    static void Main(string[] args)
    {
        Parent p = new Parent();
        p. pulbicField = 1;           //正确,外界可以访问类的公有字段
        p. protectedField = 2;        //错误,外界不可以访问类的保护字段
        p. privateField = 3;          //错误,外界可以访问类的私有字段
    }
}
```

4. 继承中的构造方法

类的对象在创建时,将自动调用构造方法,为对象分配内存并初始化对象的数据。创建派生类对象同样需要调用构造方法。由于派生类不能继承基类的构造方法,那么派生类的基类部分如何完成初始化呢?当然,仍由基类的构造方法来完成。即在创建派生类对象时,调用构造方法的顺序是先调用基类的构造方法,然后再调用派生类的构造方法,以完成为数据成员分配内存空间并进行初始化的工作。

那么在派生类的什么位置,如何调用基类的构造方法呢?在派生类中的构造方法中使用 base 关键字调用基类的构造方法。在子类中可以用 base 关键字直接调用父类的属性和方法,也可以调用父类的构造方法。

1) 隐式调用基类的构造方法

如果基类没有定义构造方法或定义了一个无参的构造方法,那么此时创建派生类对象将会隐式调用基类的无参构造方法,即由系统自动调用基类的无参的构造方法。

2) 显式调用基类的构造方法

如果基类定义了构造方法,但不含无参数的构造方法,那么在派生类创建对象时,要调用基类构造方法,就必须向基类构造方法传递参数。向基类构造方法传递参数,必须通过派生类的构造方法实现,其语法格式如下:

```
public 派生类构造方法名(形参列表):base(向基类构造方法传递的实参列表)
{
…
}
```

5. 隐藏从基类继承的成员

派生类如果定义了与继承而来的成员同名的新成员,就隐藏了该已继承的成员,但并不

是删除了这些成员,只是不能访问这些成员而已。这时,编译器不会报错,而是产生一个警告。通过在派生类同名成员前面使用 new 关键字,可以明确地告知编译器,派生类的确是故意隐藏基类的成员,就不会产生警告了。

知识点 2　多态

"多态"一词最早用于生物学,指同一种族的生物体具有相同的特性。在面向对象中,"多态性"是指不同的对象对于同一个方法调用,有不同的响应方式,多态性可以简单地概括为"一个接口,多种方法"。多态性允许派生类对继承而来的基类中的同一行为操作做出不同的解释,最后产生不同的执行结果。例如,所有动物都有走动的行为,但不同的动物有不同的解释,鱼是游泳,鸟是飞翔,虫子是爬行,老虎是奔跑。多态使得派生类的实例可以直接赋给基类的对象(不需要进行强制类型转换),然后直接就可以通过这个对象调用派生类的方法。

多态性、封装性和继承性是面向对象的三大特性。封装性可以隐藏实现细节,使得代码模块化;继承性可以扩展已经存在的代码模块,它们的目的都是为了代码重用。那么多态性到底有什么作用呢? 多态则是为了实现另一个目的——接口重用,因为接口是最耗费时间的资源,实质上设计一个接口要比设计一堆类要更有效率。

C#支持两种类型的多态性:

(1) 编译时的多态性。编译时的多态性是通过重载来实现的。对于非虚的成员来说,系统在编译时,根据传递的参数、返回的类型等信息决定实现何种操作。在 C#中,编译时的多态性通过方法重载实现。编译时的多态性为我们提供了运行速度快的特点。

(2) 运行时的多态性。运行时的多态性就是指直到系统运行时,才根据实际情况决定实现何种操作。在 C#中,运行时的多态性可以通过在派生类中重写基类声明的虚成员(虚成员可以是类的方法、属性和索引等)来实现。运行时的多态性则带来了高度灵活和抽象的特点。

C#中的多态性在实现时主要是通过在派生类中重写基类的虚方法或抽象方法来实现的,那么这就遇到了 3 个概念:一个是虚方法,一个是重写方法,一个是抽象方法。下面分别对它们进行介绍。

1. 虚方法

虚方法是在基类中声明的,用于期望在派生类中得到进一步的改进。虚方法允许被其派生类重新定义的方法,在声明时需要使用 virtual 关键字进行修饰。声明虚方法的语法格式如下:

```
[访问修饰符] virtual 返回值类型　方法名称(参数列表)
{
//方法体语句
}
```

其中 virtual 修饰符不能与 static、abstract 或者 override 修饰符同时使用,此外,由于虚方法不能是私有的,所以 virtual 修饰符也不能与 private 修饰符同时使用。

下面给出声明虚方法的代码:

```
public class Animal
{
  public virtual void Move()
  {
    Console.WriteLine("Move");
  }
}
```

这样,Animal 类的派生类都可以对 Move()方法作进一步的改进。

2. 重写方法

虚方法主要用来引入新方法,而重写方法则使从基类继承而来的虚方法专用化(提供虚方法的具体实现)。如果在派生类中要对基类的虚方法做进一步的改进,可以重写基类的虚方法,此时需要使用 override 关键字。

关于重写方法需要注意以下几点:

(1) override 修饰符不能与 new、static 或 virtual 修饰符同时使用。

(2) 重写方法只能用于重写基类中的虚方法。

(3) 重载和重写是不相同的,重载是指编写一个与已有方法同名但参数不同的方法,而重写是指在派生类中重写基类的虚方法。

下面给出重写基类虚方法的代码:

```
public class Fish:Animal
{
  public override void Move()
  {
    Console.WriteLine("Swim");
  }
}
```

3. 抽象方法

在实际的编程过程中,常常有很多类只用来继承,不需要实例化,比如编程一个俄罗斯方块的小游戏,我们设计基类图形类 Shape,然后派生 LShape 类、TShape 类等等,每个类都有方法 Draw()来绘制图形。对于基类 Shape 来说,Draw()方法并不好实现,Shape 这个概念只是具体图形的抽象。在这种情况下,在定义基类时,对于其中的方法可以不去做具体的方法实现,而用抽象方法(这种只有方法声明,没有具体方法体的特殊方法称为抽象方法)进行描述,那么这个包含抽象方法的类就是抽象类。

声明抽象类与抽象方法均需要使用关键字 abstract,其格式为:

```
public abstract class 类名称
{
    …
    public abstract 返回类型   方法名称(参数列表);
    …
}
```

需要说明以下几点：

（1）含有抽象方法的类必然是抽象类，但抽象类中的方法不一定都是抽象方法。

（2）抽象类可以声明对象，但不能使用 new 运算符实例化对象。

（3）抽象类是要被继承的，所以不能被密封，即 abstract 关键字与 sealed 关键字不能并存。

（4）对于抽象类中定义的抽象方法，其派生类必须要给出抽象方法的实现，除非派生类也是抽象类。在派生类中实现一个抽象方法的方式是使用 override 关键字来重写抽象方法，步骤如下：

① 用 override 修饰从基类继承来的抽象方法；

② 为从基类继承来的抽象方法提供具体实现。

（5）抽象方法和虚方法的区别如表 8-1 所示。

表 8-1   抽象方法和虚方法的区别

虚 方 法	抽 象 方 法
用 virtual 修饰	用 abstract 修饰
要有方法体，哪怕是一个分号	不允许有方法体
可以被子类 override	必须被子类实现，除非子类也是抽象类
除了密封类都可以定义虚方法	只能定义在抽象类中

知识点 3   接口

C♯遵循的是单继承机制，即基类可以派生出多个派生类，而一个派生类只能有一个基类。如果在程序开发中希望一个派生类有两个或两个以上的基类，实现多重继承的功能，可以通过接口来实现。此外，接口也可以继承其他接口。接口是一种用来定义程序的协议，它描述可属于任何类或结构的一组相关行为，可以把它看成是实现一组类的模板。接口只是定义了类必须做什么，而不是怎么做，即只管功能形式规范，不管具体实现。

接口具有以下主要特征：

（1）接口中的方法都是抽象方法。

（2）接口类似于抽象类，继承接口的任何非抽象类型都必须实现接口中的所有成员。

（3）不能直接实例化接口。

（4）类可以继承于多个接口，接口自身也可以从多个接口继承。

（5）在组件编程中，接口是组件向外公布其功能的唯一方法。

C♯中使用 interface 关键字声明接口，接口定义的基本语法格式如下：

```
[修饰符] interface 接口名称[:父接口列表]
{
    //接口成员声明
}
```

接口成员包括从基接口继承的成员及接口自身定义的成员。接口可由方法、属性、事件和索引器或这4种成员类型的任何组合构成，但不能包含字段。接口成员声明不能包含任何访问修饰符（因为接口具有"被继承"的特性，所以默认时，所有接口成员具有 public 特性),如果接口成员声明中包含访问修饰符会发生编译错误。

C#中通常把派生类和基类的关系称为继承,类和接口的关系称为实现。一个类可以实现多个接口,一个接口也可以由多个类来实现。

实现接口的基本语法格式如下:

```
class 类名:接口名列表
{
    //接口成员的实现
    //类的其他代码
}
```

实现接口时应注意以下几点:

(1) 类在实现接口时,必须实现接口中的所有成员,每个成员实现时成员头(如果是方法,则成员头指方法头)必须与接口中声明的保持一致。因为默认情况下,所有接口成员具有 public 特性,所以这种情况下,类在实现接口时,每个成员都必须用 public 修饰。

(2) 类可以实现多个接口,多个接口在书写时用逗号分隔。

(3) 实现接口的类还可以继承其他的类,在表述上要把基类写在基接口之前,用逗号分隔。

任务1 继承中的构造方法

■ 任务分析

利用类的继承性,对学生角色进行抽象描述。

本任务要求抽象出两个类,分别为 Person 类、Student 类,其中 Person 类作为 Student 类的基类。

(1) Person 类具有姓名、年龄两个属性,Student 类添加学号属性。

(2) 不为 Person 类定义构造方法,为 Student 类定义不带参数的构造方法。

(3) 创建派生类 Student 的对象,输出其各属性的值。

◆ 任务实施

【步骤1】 在 Visual Studio 中新建一个 C#控制台应用程序,项目名为 Inheritance-Constructor。

【步骤2】 在 Visual Studio 的"解决方案资源管理器"窗口中右击项目名 Inheritance-Constructor,在弹出的快捷菜单中选择"添加"→"类"命令,类名取为 People,用同样的方法,再添加一个类,取名为 Student。

【步骤3】 编写 People 类的代码:

```
class People
{
    private string name;
    public string Name
```

```
    {
        get { return name; }
        set
        {
            if (value.Length == 0)
            {
                name = "unknown";
            }
            else
            {
                name = value;
            }
        }
    }
    private int age;
    public int Age
    {
        get { return age; }
        set
        {
            if (value < 0)
            {
                age = 1;
            }
            else
            {
                age = value;
            }
        }
    }
}
```

【步骤 4】　编写 Student 类的代码：

```
class Student:People
{
    private long number;
    public long Number
    {
        get { return number; }
        set
        {
            if (number < 0)
                number = 2018000;
            else
            {
                number = value;
            }
        }
    }
    public Student()      //此构造方法的方法头也可以写成 public Student():base()
```

```
    {
        Number = 2018001;
    }
    public void Say()
    {
Console.WriteLine("I am a Student.My name is {0},my age is {1},my number is {2}",Name ,Age,
Number);        //Name 和 Age 是从基类继承来的部分
    }
}
```

【步骤 5】 在 Program 类的 Main()方法中产生 Student 类的对象,并通过该对象调用 Say 方法:

```
class Program
{
    static void Main(string[] args)
    {
//先调用基类的默认的构造方法,然后再调用派生类的构造方法
        Student stu = new Student();
        stu.Say();
    }
}
```

【步骤 6】 运行程序,结果如图 8-1 所示。

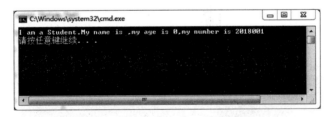

图 8-1 隐式调用基类默认的构造方法运行结果图

如图 8-1 所示,创建派生类 Student 对象时,先调用基类 People 的默认构造方法(因为基类 People 没有定义构造方法,所以系统为其提供了默认的构造方法),将派生类从基类继承的部分(即 Name 和 Age)初始化为其数据类型的默认值,然后再调用派生类的构造方法,以完成对属性 Number 的初始化。

对上面程序进行修改,为基类 People 定义一个无参的构造方法,对属性 Name 和 Age 进行初始化,代码如下:

```
public People()
{
    Name = "Zhangsan";
    Age = 28;
}
```

再次运行程序,结果如图 8-2 所示。

如图 8-2 所示,创建派生类 Student 对象时,先调用基类 People 的无参构造方法(因为基类 People 定义了构造方法,则系统不再为其提供默认的构造方法),对派生类从基类继承

图 8-2　隐式调用基类无参的构造方法运行结果图(1)

的部分（即 Name 和 Age）进行初始化,然后再调用派生类的构造方法,以完成对属性 Number 的初始化。

在上面程序的基础上,为派生类 Student 定义一个含有一个参数的构造方法,代码如下:

```
public Student(long number)   //此构造方法的方法头也可以写成 public Student():base()
{
    Number = number;
}
```

在 Program 类的 Main()方法中通过调用上面刚定义的含一个参数的构造方法产生 Student 类的对象,并调用 Say 方法,代码如下:

```
Student stu1 = new Student(2018002);
stu1.Say();
```

运行程序,结果如图 8-3 所示。

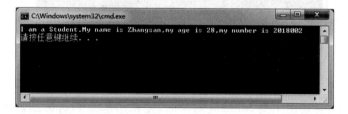

图 8-3　隐式调用基类无参的构造方法运行结果图(2)

如图 8-3 所示,创建派生类 Student 对象时,先调用基类 People 的无参构造方法,对派生类从基类继承的部分（即 Name 和 Age）进行初始化,然后再调用派生类的带参构造方法,以完成对属性 Number 的初始化。

在上面程序的基础上,进一步修改程序,为基类 People 定义一个含有两个参数的构造方法,代码如下:

```
public People(string name, int age)
{
    Name = name;
    Age = age;
}
```

为派生类 Student 类定义一个含有 3 个参数的构造方法,代码如下:

```
public Student(string name, int age, long number):base(name, age)
{
        Number = number;
}
```

在 Program 类的 Main()方法中添加如下代码：

```
Student stu2 = new Student("周一然", 22, 2018008);
stu2.Say();
```

运行程序，结果如图 8-4 所示。

图 8-4　显式调用基类带参的构造方法运行结果图

如图 8-4 所示，创建派生类 Student 对象时，先调用基类 People 的带两个参数的构造方法，为派生类从基类继承的部分（即 Name 和 Age）进行初始化，然后再调用派生类的带 3 个参数的构造方法，以完成对属性 Number 的初始化。

任务 2　隐藏从基类继承的成员

■ 任务分析

本任务以 C♯控制台应用程序为载体，在派生类中隐藏继承的成员，使用相同名称在派生类中声明该成员，并使用 new 修饰符修饰该成员。

◆ 任务实施

【步骤 1】　在 Visual Studio 中新建一个 C♯控制台应用程序，项目名为 HiddenInheritance。

【步骤 2】　在 Visual Studio 的"解决方案资源管理器"窗口中右击项目名 HiddenInheritance，在弹出的快捷菜单中选择"添加"→"类"命令，类名取为 Animal，同样的方法，再添加一个类，取名为 Cow。

【步骤 3】　编写 Animal 类的代码：

```
class Animal
{
    public void Eat()
    {
        Console.WriteLine("Eating");
    }
}
```

【步骤 4】　编写 Cow 类的代码：

```
class Cow:Animal
{
    new public void Eat()
    {
        Console.WriteLine("Eating grass");
    }
}
```

【步骤 5】　在 Program 类的 Main()方法中创建对象，并调用 Eat()方法，代码如下：

```
class Program
{
    static void Main(string[] args)
    {
        Console.WriteLine(" --------- 基类类型 - 基类对象 ----------- ");
        Animal ani = new Animal();
        ani.Eat();

        Console.WriteLine("\n\n--------- 基类类型 - 派生类对象 --------- ");
        Animal ani1 = new Cow();
        ani1.Eat();

        Console.WriteLine("\n\n--------- 派生类类型 - 派生类对象 --------- ");
        Cow cow = new Cow();
        cow.Eat();
    }
}
```

【步骤 6】　按 Ctrl＋F5 键运行程序，结果如图 8-5 所示。

图 8-5　隐藏从基类继承的成员运行结果图

任务 3　虚方法与方法重写

■ 任务分析

本任务以 C♯ Windows 窗体应用程序为载体，在基类中声明虚方法，在派生类中重写虚方法。

◆ **任务实施**

【**步骤 1**】　在 Visual Studio 中新建一个 C♯ Windows 窗体应用程序,项目名为 Virtual-Override。

【**步骤 2**】　在 Visual Studio 的"解决方案资源管理器"窗口中右击项目名 Virtual-Override,在弹出的快捷菜单中选择"添加"→"类"命令,类名取为 Animal。用同样的方法,再添加两个类,分别取名为 Fish 和 Bird。

【**步骤 3**】　编写 Animal 类的代码:

```
class Animal
{
    public virtual void Move()
    {
        System.Windows.Forms.MessageBox.Show("所有动物都有走动的行为");
    }
}
```

【**步骤 4**】　编写 Fish 类和 Bird 类的代码:

```
class Fish:Animal
{
    public override void Move()              //重写基类方法
    {
        base.Move();                         //调用基类方法 Move()
        System.Windows.Forms.MessageBox.Show("Swim");
    }
}
class Bird:Animal
{
    public override void Move()
    {
        System.Windows.Forms.MessageBox.Show("Fly");
    }
}
```

【**步骤 5**】　程序设计界面。

在窗体中添加 1 个标签控件(label1)、1 个文本框控件(textBox1)、1 个按钮控件(button1),适当调整控件的大小及布局,如图 8-6 所示。

【**步骤 6**】　设计窗体及控件属性。

窗体及控件的属性列表如表 8-2 所示。设置完属性的程序设计界面效果图如图 8-7 所示。

表 8-2　窗体及控件的属性列表

控件原来的 Name 属性	Name 属性	Text 属性	AutoSize 属性	BorderStyle 属性
Form1		多态示例		
label1		请输入动物的名称:		
textBox1	txtAnimal			
button1		判断		

图 8-6　程序设计界面

图 8-7　设置完属性的程序设计界面

【步骤 7】　在设计界面双击"判断"按钮,添加"判断"按钮的 Click 事件代码如下:

```
private void button1_Click(object sender, EventArgs e)
{
    if (txtAnimal.Text == "鱼")
    {
        Fish fish = new Fish();
        fish.Move();
    }
    else if (txtAnimal.Text == "鸟")
    {
        Bird bird = new Bird();
        bird.Move();
    }
    else
    {
        Animal ani = new Animal();
        ani.Move();
    }
}
```

【步骤 8】　执行程序。

按 F5 键或单击工具栏上的"启动调试"按钮,程序开始运行,运行结果如图 8-8~图 8-10 所示。

图 8-8　程序运行结果(一)

图 8-9 程序运行结果(二)

图 8-10 程序运行结果(三)

任务4 抽象类与抽象方法

■ 任务分析

本任务以 C♯ 控制台应用程序为载体,在抽象类中定义抽象方法,在派生类中重写抽象方法。

◆ 任务实施

【步骤1】 在 Visual Studio 中新建一个 C♯ 控制台应用程序,项目名为 AbstractOverride。

【步骤2】 在 Visual Studio 的"解决方案资源管理器"窗口中右击项目名 AbstractOverride,在弹出的快捷菜单中选择"添加"→"类"命令,类名取为 Animal。用同样的方法,再添加两个类,分别取名为 Fish 和 Cat。

【步骤3】 编写 Animal 类的代码:

```
abstract class Animal
{
    public abstract void Breathe();
}
```

【步骤4】 编写 Fish 类和 Cat 类的代码:

```
class Fish:Animal
{
    public override void Breathe()
    {
        Console.WriteLine(" ************************************* ");
        Console.WriteLine("我是鱼。");
        Console.WriteLine("鱼用鳃呼吸。");
        Console.WriteLine(" ************************************* ");
    }
}
class Cat:Animal
{
    public override void Breathe()
```

```
    {
        Console.WriteLine(" ************************************** ");
        Console.WriteLine("我是猫。");
        Console.WriteLine("猫用肺呼吸。");
        Console.WriteLine(" ************************************** ");

    }
}
```

【步骤5】 在 Program 类的 Main()方法中分别创建 Fish 类的对象和 Cat 类的对象,并调用相关方法,代码如下:

```
class Program
{
    static void Main(string[] args)
    {
        Fish fish = new Fish();
        fish.Breathe();

        Cat cat = new Cat();
        cat.Breathe();
    }
}
```

【步骤6】 按 Ctrl+F5 键运行应用程序,运行结果如图 8-11 所示。

图 8-11 抽象类与抽象方法运行结果

任务5 使用接口

■ 任务分析

本任务以 C♯ Windows 控制台应用程序为载体,声明洗衣机接口及接口成员,然后让海尔厂家和美的厂家实现接口。

◆ 任务实施

【步骤1】 在 Visual Studio 中新建一个 C♯控制台应用程序,项目名为 InterfaceDemo。

【步骤2】 在 Visual Studio 的"解决方案资源管理器"窗口中右击项目名 InterfaceDemo,

在弹出的快捷菜单中选择"添加"→"新建项"命令,在弹出的"添加新项"对话框中,选择"接口",接口名取为 Washer。右击项目名 InterfaceDemo,在弹出的快捷菜单中选择"添加"->"类"命令,添加两个类,分别取名为 Haier 和 Midea。

【步骤 3】　编写 Washer 接口的代码:

```
interface Washer
{
    void 洗涤();
    void 脱水();
}
```

【步骤 4】　编写 Haier 类和 Midea 类的代码:

```
class Haier:Washer
{
    public void 洗涤()
    {
        Console.WriteLine("海尔厂家这样实现洗涤,洗涤完毕.");
    }
    public void 脱水()
    {
        Console.WriteLine("海尔厂家这样实现脱水,脱水完毕.");
    }
}
class Midea:Washer
{
    public void 洗涤()
    {
        Console.WriteLine("美的厂家这样实现洗涤,洗涤完毕.");
    }
    public void 脱水()
    {
        Console.WriteLine("美的厂家这样实现脱水,脱水完毕.");
    }
}
```

【步骤 5】　在 Program 类的 Main()方法中分别创建 Haier 类的对象和 Midea 类的对象,并调用相关方法:

```
class Program
{
    static void Main(string[] args)
    {
        Console.WriteLine(" -------- 使用海尔洗衣机洗衣服 -------- ");
        Haier haier = new Haier();
        haier.洗涤();
        haier.脱水();
```

```
        Console.WriteLine("\n\n -------- 使用美的洗衣机洗衣服 -------- ");
        Midea midea = new Midea();
        midea.洗涤();
        midea.脱水();
    }
}
```

【步骤 6】　按 Ctrl＋F5 键运行应用程序,运行结果如图 8-12 所示。

图 8-12　使用接口运行结果

项目小结

　　本项目通过 5 个任务介绍了面向对象高级编程知识,包括继承、多态和接口。继承允许在基类基础上创建派生类,其中派生类能够继承基类的成员,包括属性和方法。多态性允许派生类对继承而来的基类中的同一行为操作做出不同的解释,最后产生不同的执行结果。接口类似于网络通信的协议,是一种标准和规范,所有实现接口的类都要遵守同一标准和规范。通过本项目的学习,读者已经可以灵活地运用面向对象编程知识开发各种各样的面向对象应用程序了。

拓展实训

一、实训的目的和要求

(1) 理解继承和多态的概念。

(2) 掌握继承的实现方法。

(3) 掌握多态的实现的方法。

二、实训内容

1) 继承的应用

(1) 创建一个控制台应用程序,项目名命名为 ch08_Task01。

(2) 声明基类 Person 及派生类 Worker、Teacher。

① Person 类具有姓名、性别两个属性,Worker 添加工号属性,Teacher 类添加职称属性。

② 分别定义 Person 类、Worker 类和 Teacher 类的不带参数的构造方法。函数体自行定义。

③ 为 Person 类定义一个公有方法 Activity(),在 Worker 类中将此方法进行隐藏并具体化行为,Worker 的活动是劳动,在 Teacher 类中将方法隐藏并具体化行为,Teacher 的活动是教学。

(3) 在 Program 类的 Main()方法中分别创建派生类对象,如下所示:

```
Person p = new Person();
Person p1 = new Worker();
Teacher p2 = new Teacher();
```

输出各对象的所有属性,然后使用对象 p、p1、p2 分别调用 Activity()方法。

(4) 执行程序,分析结果。

2) 多态性的应用

(1) 创建一个控制台应用程序,项目名命名为 ch08_Task02。

(2) 声明基类 Animal,类的成员包括:

虚方法 Move(),参数为空,返回值类型为 void,方法体输出"移动"。

(3) 声明 Lion 类继承 Animal 类,类的成员包括:

重写 Move()方法,参数为空,返回值类型为 void,方法体输出"奔跑"。

(4) 声明 Fish 类继承 Animal 类,类的成员包括:

重写 Move()方法,参数为空,返回值类型为 void,方法体输出"一天到晚地游"。

(5) 在 Program 类的 Main()方法中创建派生类对象,如下所示:

```
Animal a = new Lion();
Fish f = new Fish();
```

然后使用对象 a、f 分别调用 Move()方法。

(6) 调试并运行程序,输出结果。

3) 抽象类的应用

(1) 创建一个控制台应用程序,项目名命名为 ch08_Task03。

(2) 声明抽象类 Point,包含一个抽象方法 Show()输出两个坐标值。

(3) 声明一个派生类继承 Point 类,并重写抽象方法。

(4) 在 Program 类的 Main()方法中创建派生类,调用 Show()方法。

(5) 调试并运行程序,输出结果。

4) 接口的应用

(1) 创建一个控制台应用程序,项目名命名为 ch08_Task04。

(2) 声明父亲接口 IFather,接口成员包含方法 Eat()。

(3) 声明母亲接口 IMother,接口成员包含方法 Move()。

(4) 声明孩子类 Child,同时继承 IFather 和 IMather 接口,并实现两个接口中的成员。

(5) 在 Program 类中的 Main()方法中创建 Child 类的对象,调用相关方法。

(6) 调试并运行程序,输出结果。

习题

一、选择题

1. 下列关于 C♯ 中继承的描述,错误的是(　　)。

　　A. 一个子类可以有多个父类

　　B. 通过继承可以实现代码重用

　　C. 派生类还可以添加新的特征或者是修改已有的特征以满足特定的要求

　　D. 继承是指基于已有类创建新类的语言能力

2. 接口是一种引用类型,在接口中可以声明(　　),但不可以声明公有的域或私有的成员变量。

　　A. 方法、属性、索引器和事件　　　　　　B. 方法、属性信息、属性

　　C. 索引器和字段　　　　　　　　　　　　D. 事件和字段

3. 在 C♯ 中利用 sealed 修饰的类(　　)。

　　A. 密封,不能继承　　　　　　　　　　　B. 密封,可以继承

　　C. 表示基类　　　　　　　　　　　　　　D. 表示抽象类

4. 在 C♯ 中,一个类(　　)。

　　A. 可以继承多个类　　　　　　　　　　　B. 可以实现多个接口

　　C. 在一个程序中只能有一个子类　　　　　D. 只能实现一个接口

5. 在 C♯ 中,接口和抽象类的区别在于(　　)。

　　A. 抽象类可以包含非抽象方法,而接口只能包含抽象方法

　　B. 抽象类可以被实例化,而接口不能被实例化

　　C. 抽象类不能被实例化,而接口可以被实例化

　　D. 抽象类能够被继承,而接口不能被继承

6. C♯ 的类不支持多重继承,但可以用(　　)来实现。

　　A. 类　　　　　　　B. 抽象类　　　　　　C. 接口　　　　　　D. 静态类

7. (　　)是指同一个消息或操作作用于不同对象,可以有不同的解释,产生不同的执行结果。

　　A. 封装　　　　　　B. 继承　　　　　　　C. 多态　　　　　　D. 可移植性

8. 使用下面(　　)关键字来声明抽象类。

　　A. sealed　　　　　B. private　　　　　C. abstract　　　　D. virtual

9. 假设类 B 继承了 A,下列说法错误的是(　　)。

　　A. 类 B 中的成员可以访问类 A 中的公有成员

　　B. 类 B 中的成员可以访问类 A 中的保护成员

　　C. 类 B 中的成员可以访问类 A 中的私有成员

　　D. 类 B 中的成员可以访问类 A 中的静态成员

10. 关于虚方法实现多态,下列说法错误的是(　　)。

　　A. 定义虚方法使用关键字 virtual

　　B. 关键字 virtual 必须与 override 一起使用

  C. 虚方法是实现多态的一种应用形式

  D. 重写方法是实现多态的一种应用形式

11. 下列说法中,正确的是(　　)。

  A. 派生类对象可以隐式转换为基类对象

  B. 在任何情况下,基类对象都不能转换为派生类对象

  C. 基类对象可以访问派生类的成员

  D. 接口不可以实例化,也不可以引用实现该接口的类的对象

12. 在 C♯ 中定义接口时,使用的关键字是(　　)。

  A. Interface   B. ：   C. class   D. override

13. 在类的以下特性中,可以用于方便地重用已有的代码和数据的是(　　)。

  A. 多态   B. 封装   C. 继承   D. 抽象

14. 以下关于接口的说法正确的是(　　)。

  A. 接口可以实例化   B. 类只能实现一个接口

  C. 接口的成员必须是未实现的   D. 接口成员前面可以加访问修饰符

15. 下列关于抽象类的说法错误的是(　　)。

  A. 抽象类可以实例化   B. 抽象类可以包含抽象方法

  C. 抽象类可以包含抽象属性   D. 抽象类可以引用派生类的实例

16. 下列关于继承的说法错误的是(　　)。

  A. .NET 框架类库中,object 类是所有类的基类

  B. 派生类不能直接访问基类的私有成员

  C. protected 修饰符既有公有成员的特点,又有私有成员的特点

  D. 基类对象不能引用派生类对象

17. 继承具有(　　),即当基类本身也是某一类的派生类时,派生类会自动继承间接基类的成员。

  A. 规律性   B. 传递性   C. 重复性   D. 多样性

二、判断题

1. 不能指定接口中方法的访问修饰符。   (　　)

2. 如果要实现重写,在基类的方法中必须使用 virtual 关键字,在派生类的方法中必须使用 override 关键字。   (　　)

3. 可以重写私有的虚方法。   (　　)

4. 在 C♯ 中所有类都是直接或间接地继承 System.Object 类而得来的。 (　　)

5. 在 C♯ 中,子类不能继承父类中用 private 修饰的成员变量和成员方法。 (　　)

6. 可以阻止某一个类被其他类继承。   (　　)

7. 在 C♯ 中,类的构造方法和析构方法都不能被继承。   (　　)

8. 在 C♯ 中,类的成员默认访问修饰符是 private,而接口的成员默认访问修饰符是 public。   (　　)

9. 在 C♯ 中,接口成员包含任何访问修饰符都是错误的。   (　　)

10. C♯ 中,抽象方法是隐式的虚方法,实现抽象方法用关键字 override。 (　　)

三、填空题

1. 在 C♯ 中,子类要隐藏基类的同名方法应使用关键字_____；子类要重写基类的同名方法应使用关键字_____。

2. 在 C♯ 中,要声明一个密封类,只需要在声明类时加上_____关键字。

3. 在 C♯ 中,要声明一个虚方法,则在该方法定义前要加上_____关键字修饰。

4. C♯ 中,所有类型的基类都是_____。

5. 在 C♯ 中,关键字_____用于从派生类中访问基类的成员。

6. 在 C♯ 中,在类的成员声明时,若使用了_____访问修饰符,则该成员只能在该类或其派生类中使用。

7. 在进行类定义时不需要编写代码就可以包含另一个类定义的数据成员、方法成员等的特征,称为类的_____。

8. 请将实现接口的代码补充完整。

```
interface IStudent
{
    void showInfo();
}

class School : IStudent
{
    _____
}
```

四、简答题

1. 接口和抽象类的区别是什么?

2. 什么是类的继承? 怎么定义派生类?

3. 什么是多态性? 多态性有何作用?

4. 虚方法和抽象方法的区别是什么?

5. 子类对父类中的虚方法的处理有重写(override)和覆盖(new),请说明它们的区别。

五、编程题

1. 编写一个控制台应用程序,完成下列功能,并回答提出的问题。

(1) 创建一个类 A,在构造函数中输出"A",再创建一个类 B,在构造函数中输出"B"。

(2) 从 A 继承一个名为 C 的新类,并在 C 内创建一个成员 B。不要为 C 创建构造函数。

(3) 在 Main 方法中创建类 C 的一个对象,写出运行程序后输出的结果。

(4) 如果在 C 中也创建一个构造函数输出"C",整个程序运行的结果又是什么?

2. 编写一个控制台应用程序,完成下列功能,并写出运行程序后输出的结果。

(1) 创建一个类 A,在 A 中编写一个可以被重写的带 int 类型参数的方法 MyMethod(),并在该方法中输出传递的整型值加 10 后的结果。

(2) 再创建一个类 B,使其继承自类 A,然后重写 A 中的 MyMethod()方法,将 A 中接收的整型值加 50,并输出结果。

(3) 在 Main()方法中分别创建类 A 和类 B 的对象,并分别调用 MyMethod()方法。

3. 编写一个控制台应用程序,定义一个类 MyClass,类中包含有 public、private 以及 protected 数据成员及方法;然后定义一个从 MyClass 类继承的类 MyMain,将 Main()方法 放在 MyMain 中,在 Main()方法中创建 MyClass 类的一个对象,并分别访问类中的数据成 员及方法。要求注明在试图访问所有类成员时哪些语句会产生编译错误。

4. 创建一个类包含有 protected 数据。在相同的文件里创建第二个类,用一个方法操 纵第一个类里的 protected 数据。

项目 9

文件操作

项目情境

软件公司的小张在使用 C#语言开发面向对象应用程序的过程中,需要与硬件设备进行交互,如读取硬件设备上的文件,或者将数据写入到硬件设备上。这就需要用到文件操作部分的知识。

在计算机系统中,文件是存储在磁盘等存储介质上数据的集合,是进行数据读写操作的基本对象。文件可以是文本文件、图片或者程序等等。用 C#开发应用程序,很多情况下都需要处理文件操作,包括读取文件和写入文件。

下面就跟小张一起进入文件操作项目模块,学习文件操作知识。

学习重点与难点

➢ FileStream 类
➢ StreamReader 类和 StreamWriter 类
➢ BinaryReader 类和 BinaryWriter 类

学习目标

➢ 了解文件和流的概念
➢ 了解基本的文件流
➢ 掌握操作文件和目录的方法
➢ 了解路径类的使用方法
➢ 了解系统信息类的使用方法
➢ 学会读写文本文件
➢ 学会读写二进制文件

任务描述

任务 1　获取文件属性和读写文件
任务 2　文件基本操作
任务 3　目录操作

相关知识

知识要点：

➢ 文件和流的概念

➢ 文件基本操作

➢ 目录基本操作

➢ 路径类和系统信息类

➢ 文件流

➢ 读写文本文件

➢ 读写二进制文件

知识点 1　文件和流的概念

在应用程序里面经常需要使用文件来保存数据，这就要使用文件的输入输出操作。在 C♯ 中，用来进行磁盘、文件夹与文件处理操作的相关类绝大多数位于 System.IO 命名空间中，利用这些类可以方便地对文件进行创建、打开、读写、复制、移动、删除等操作，System.IO 命名空间中常用的与文件相关的类及说明如表 9-1 所示。

表 9-1　System.IO 命名空间中与文件相关的类及说明

类	说　　明
FileStream	实现文件读写，并以字节流来表示数据
File 和 FileInfo	操作计算机中的一组文件
Directory 和 DirectoryInfo	操作计算机的目录结构
Path	对包含文件或目录路径信息的 String 实例执行操作。这些操作是以跨平台的方式执行的
Evironment	获取与系统相关的信息
StreamReader 和 StreamWriter	在（从）文件中存储（获取）文本信息
BinaryReader 和 BinaryWriter	以二进制值存储和读取基本数据类型

流是建立在面向对象基础上的一种抽象概念，用于表示二进制字节序列。在流中，定义了一些处理数据的基本操作，如读取数据、写入数据等。

数据以文件的形式存储在硬盘、光盘等存储介质上，C♯ 采用流的方式读写文件中的数据，读写文件中数据的过程可以看作数据像水一样流入或流出存储介质，并按照流的方向把流分为两种：输入流和输出流。输入流用于将数据从文件读到程序中，输出流用于向外部磁盘文件等写入数据。

在 System.IO 命名空间中，有一个支持读取和写入字节的抽象的流基类 Stream，所有表示流的类都是从 Stream 类继承的。Stream 类是抽象类，无法直接实例化。

在 Windows 文件系统中，文件组织成层次结构，包括文件和目录。在 C♯ 中，有两种方式来划分目录和文件。一种是使用两个反斜杠,这是因为单个反斜杠起转义字符作用的缘故;另一种是在目录字符串的前面加"@"字符。例如,C 盘下的 File.txt 文件在代码中可以表示为:"C:\\file.txt"或@"C:\file.txt"。为了操作文件和目录,.NET Framework 提供了文件和目录类。

知识点 2　文件基本操作

命名空间 System.IO 中的 File 类和 FileInfo 类都是用来对文件进行操作的。File 类支持对文件的基本操作,包括用于创建、打开、复制、移动、删除文件的静态方法,并协助创建 FileStream 对象,File 类的所有方法都是静态的,因此可以通过类名调用方法,适用于只想执行一个操作的情况。File 类中的常见方法及说明见表 9-2。

表 9-2　File 类的常用方法及说明

方　　法	说　　明
Copy	将现有文件复制到新文件
Create	在指定路径中创建文件
Delete	删除指定的文件
Exists	确定指定的文件是否存在
Move	将指定文件移动到新位置
open	打开指定路径上的文件
openText	打开现有 UTF-8 编码文本文件以进行读取,返回一个 StreamReader 对象
ReadAllText	读取文件内容,返回一个字符串
ReadAllLines	读取文件所有行,返回一个字符串数组
ReadAllBytes	读取文件内容,返回一个字节数组
WriteAllText	将字符串写入文件
WriteAllLines	将字符串数组写入文件
WriteAllBytes	将字节数组写入文件
AppendAllText	将字符串追加到指定的文件中

FileInfo 类提供的许多方法类似于 File 类的方法,FileInfo 类的所有方法都是实例的,需要创建对象才可以调用方法,适用于打算多次重用某个对象的情况。FileInfo 类用于典型的操作,如复制、移动、重命名、创建、打开、删除和追加到文件。FileInfo 类中的常见方法、属性及说明见表 9-3。

表 9-3　FileInfo 类的常用方法、属性及说明

方法或属性	说　　明
AppendText 方法	创建一个 StreamWriter,用于向 FileInfo 类的实例表示的文件添加文本
CopyTo 方法	将现有文件复制到新文件,不允许覆盖现有文件
Create 方法	创建文件
CreateText 方法	创建写入新文本文件的 StreamWriter
Delete 方法	永久删除文件
MoveTo 方法	将指定文件移到新位置,并提供指定新文件名的选项
Open 方法	在指定的模式中打开文件

方法或属性	说　明
OpenText 方法	创建使用 UTF8 编码、从现有文本文件中进行读取的 StreamReader
OpenRead 方法	创建只读 FileStream
OpenWrite 方法	创建只写 FileStream
Exists 属性	获取指定文件是否存在的值
Extension 属性	获取指定文件扩展名部分的字符串
FullName 属性	获取目录或文件的完整目录
IsReadOnly 属性	获取当前文件是否为只读的值
Length 属性	获取当前文件的大小(字节)
Name 属性	获取文件名

知识点 3　目录基本操作

命名空间 System. IO 中的 Directory 类和 DirectoryInfo 类可以用来管理目录,提供创建、移动和枚举目录和子目录的功能。Directory 类的所有方法都是静态的,因此无须创建对象即可调用,适用于只想执行一个操作的情况；DirectoryInfo 类的所有方法都是实例的,需要创建对象才可以调用方法,适用于打算多次重用某个对象的情况。

Directory 类的常用方法及说明如表 9-4 所示。

表 9-4　Directory 类的常用方法及说明

方　法	说　明
CreateDirectory()	创建指定路径中的目录
Delete()	删除指定的目录
Exists()	判断指定的目录是否存在
Move()	将目录和目录中的文件移动到新位置
GetFiles()	获取指定目录中的所有文件的名称
GetParent()	获取指定目录的父目录
GetDirectories()	获取指定目录中所有子目录的名称
GetCurrentDirectory()	获取应用程序当前工作的目录
GetCreationTime()	获取目录的创建日期和时间
GetLastAccessTime()	获取指定目录上次访问的日期和时间

DirectoryInfo 类的方法与 Directory 类的类似,DirectoryInfo 类的常用属性及说明如表 9-5 所示。

表 9-5　DirectoryInfo 类的常用属性及说明

属　性	说　明
Exists	获取指定目录是否存在的值
FullName	获取目录或文件的完整目录
Name	获取此 DirectoryInfo 实例的名称
Parent	获取指定子目录的父目录
Root	获取路径的根目录

知识点 4　路径类和系统信息类

System. IO 命名空间中的 Path 类可以方便地处理路径。Path 类的常用方法及说明如表 9-6 所示。

表 9-6　Path 类的常用方法及说明

方　　法	说　　明
GetFileName()	返回指定路径中的文件名(带扩展名)
GetFileNameWithoutExtension()	返回指定路径中的文件名(不带扩展名)
GetExtension()	返回指定路径中的扩展名
ChangeExtension()	更改指定路径中的扩展名
GetDirectoryName()	返回指定路径中的目录信息
Combine()	合并两个路径字符串

System. IO 命名空间中的 Environment 类可以方便地获取与系统相关的信息。Environment 类的常用方法和属性如表 9-7 和表 9-8 所示。

表 9-7　Environment 类的常用方法及说明

方　　法	说　　明
FailFast()	快速终止进程
GetCommandLineArgs()	返回包含当前进程的命令行参数
GetFolderPath()	获取系统中特殊文件夹的路径
GetLogicalDrivers()	返回当前计算机中所有逻辑驱动器的名称

表 9-8　Environment 类的常用属性及说明

属　　性	说　　明
CurrentDirectory	获取程序所在目录的路径
MachineName	获取本地计算机的 NetBIOS 名称
OSVersion	获取包含操作系统的标识符和版本号
ProcessorCount	获取当前计算机上的处理器数量
SystemDirectory	获取系统所在目录的路径
TickCount	获取系统启动后经过的秒数
UserDomainName	获取与当前用户关联的网络域名
UserName	获取启动当前线程的用户
Version	描述公共语言运行库的版本号

知识点 5　文件流

在 C♯中有许多类型的流,但在处理文件输入/输出时,最重要的类型为 FileStream 类。FileStream 类被称为文件流,表示在磁盘或网络路径上指向文件的流,用于操作字节和字节数组,使用它可以对文件进行读取、写入、打开和关闭等操作,既支持同步读写操作,又支持异步读写操作。

FileStream 类的常用构造方法有两个，语法格式如下：

```
FileStream(string path,FileMode mode)
FileStream(string path,FileMode mode,FileAccess access)
```

创建 FileStream 对象时，可指定具体的路径、创建模式和读/写权限参数，其中：

- 路径 path 指定要打开的文件路径；
- 创建模式 mode 确定如何打开或创建文件，值为 FileMode 枚举值的一个。FileMode 的常见成员如表 9-9 所示。
- 读/写权限 access 指定对象访问文件的方法，值为 FileAccess 枚举值的一个。

FileAccess 的常用成员如表 9-10 所示。

表 9-9 FileMode 的常用成员

成员名称	说明
CreateNew	指定操作系统应创建新文件。如果文件已存在，则引发 IOException
Create	指定操作系统应创建新文件。如果文件已存在，它将被覆盖
Open	指定操作系统应打开现有文件。如果文件不存在，则引发 FileNotFoundException
OpenOrCreate	指定操作系统应打开文件（如果文件存在）；否则，应创建新文件
Truncate	指定操作系统应打开现有文件。文件一旦打开，就将被截断为零字节大小
Append	打开现有文件并查找到文件尾，或创建新文件

表 9-10 FileAccess 的常用成员

成员名称	说明
Read	对文件的读访问。可从文件中读取数据
Write	文件的写访问。可将数据写入文件
ReadWrite	对文件的读访问和写访问。可从文件读取数据和将数据写入文件

FileStream 类的常用属性及说明见表 9-11，常用方法及说明见表 9-12。

表 9-11 FileStream 类的常用属性及说明

属性	说明
CanRead	指示当前流是否支持读取
CanWrite	指示当前流是否支持写入
CanSeek	指示当前流是否支持查找
IsAsync	指示 FileStream 是异步还是同步打开的
Length	流的长度（字节数）
Position	获取或设置此流的当前位置
CanTimeout	指定当前流是否可以超时
ReadTimeout	获取或设置一个值，确定流尝试读取多长时间，超过此时间即超时
WriteTimeout	获取或设置一个值，确定流尝试写入多长时间，超过此时间即超时

表 9-12　FileStream 类的常用方法及说明

方　　法	说　　明
Read()	从流中读取字节块并将该数据写入给定的缓冲区
ReadByte()	从文件中读取一个字节,并将读取位置提升一个字节
Write()	使用从缓冲区读取的数据将字节块写入该流
WriteByte()	将一个字节写入文件流的当前位置
Seek()	设置流的当前位置
Close()	关闭当前流并释放与之关联的所有资源

知识点 6　读写文本文件

FileStream 类主要用于向文件中写入或读取以字节为单位的数据。操作字节数组比较麻烦。还有一些简单的方法吗? 在. NET Framework 中,StreamReader 和 StreamWriter 类可用于读写文本文件,即这两个类允许对字符和字符串进行操作,这两个类从底层封装了文件流 FileStream,因此在使用时不需要额外创建 FileStream 对象。

1. StreamReader 类

StreamReader 类以一种特定的编码从字节流中读取字符。下面的代码演示了如何创建一个 StreamReader 类的实例。

```
//指定文件路径作为参数
string filePath = @"C:\file.txt";
//直接创建读取器
StreamReader sr = new StreamReader(filePath);
```

或

```
//指定文件路径作为参数
string filePath = @"C:\file.txt";
//创建文件流
FileStream fs = new FileStream(filePath);
//创建读取器
StreamReader sr = new StreamReader(fs);
```

StreamReader 类的常用属性及说明见表 9-13,StreamReader 类的常用方法及说明见表 9-14。

表 9-13　StreamReader 类的常用属性及说明

方　　法	说　　明
CurrentEncoding()	获取流正在使用的字符编码
EndOfStream()	指示当前位置是否在流的末尾

表 9-14 StreamReader 类的常用方法及说明

方 法	说 明
Read()	读取流中的下一个字符或下一组字符
ReadLine()	从流中读取一行字符
ReadToEnd()	从流的当前位置读到流的末尾
ReadBlock()	从流中读取一个字符块
ToString()	返回表示当前对象的字符串
Close()	关闭流,并释放相关资源

读取文本文件的 StreamReader 类的默认编码是 UTF-8,读取中文时可使用编码器,转换为 gb2312,程序代码如下所示:

```
StreamReader sr = new StreamReader(filePath,Encoding.GetEncoding("gb2312"));
```

其中,Encoding 类位于 System.Text 命名空间中。

2. StreamWriter 类

StreamWriter 类以一种特定的编码向流中写入字符。下面的代码演示了如何创建一个 StreamWriter 类的实例。

```
//指定文件路径作为参数
string filePath = @"C:\file.txt";
//直接创建写入器
StreamWriter sw = new StreamWriter(filePath);
//指定文件路径和追加模式作为参数
StreamWriter sw1 = new StreamWriter(filePath,true);
```

或

```
string filePath = @"C:\file.txt";
//创建文件流
FileStream fs = new FileStream(filePath);
//创建写入器
StreamWriter sw = new StreamWriter(fs);
//指定文件路径和追加模式作为参数
StreamWriter sw1 = new StreamWriter(fs,true);
```

注意:如果文件存在,且追加模式参数值为 true,则数据追加到文件中;如果文件存在,且追加模式参数值为 false,则文件被改写。如果文件不存在,则创建新文件。

StreamWriter 类的常用属性如表 9-15 所示,StreamWriter 类的常用方法如表 9-16 所示。

表 9-15 StreamWriter 类的常用属性及说明

方 法	说 明
Encoding()	获取被写入字符的编码类型
NewLine()	当前流使用的"行结束符"

表 9-16　StreamWriter 类的常用方法及说明

方　　法	说　　明
Write()	写入数据
WriteLine()	写入数据,然后添加行结束符
ToString()	返回表示当前对象的字符串
Close()	关闭流,并释放相关资源

基于流的文本文件的读写对于 C♯ 来说比较简单,通常来讲,需要以下 5 个基本步骤。

(1) 创建一个文件流。

(2) 创建读取器或写入器。

(3) 执行读或者写操作。

(4) 关闭读取器或写入器。

(5) 关闭文件流。

通过以上 5 个基本步骤,就可以简便快捷地操作文件。

知识点 7　读写二进制文件

在.NET Framework 中,BinaryReader 和 BinaryWriter 类可用于读写二进制文件。注意,这两个类并不派生于 Stream,而是直接派生于 System. Object 类,只有串接到 Stream 类或派生类中进行操作。也就是说,创建两个类的对象时必须基于所提供的派生于 Stream 类的对象,如 FileStream 类的对象。

1. BinaryReader 类

BinaryReader 类用特定的编码将基元数据类型读作二进制值,其常用方法及说明见表 9-17。

表 9-17　BinaryReader 类的常用方法及说明

方　　法	说　　明
Close()	关闭流,并释放相关资源
Read()	从流中读取字符,并提升流的当前位置
ReadBytes()	从当前流中将 count 个字节读入字节数组,并使当前位置提升 count 个字节
ReadInt32()	从当前流中读取 4 个字节有符号整数,并使流的当前位置提升 4 个字节
ReadString()	从当前流中读取一个字符串,并提升流的当前位置
ReadXXXX()	BinaryReader 类定义了许多 Read()方法来从流中读取下一个类型,如 ReadByte()等

下面的代码示例演示了如何创建一个 BinaryReader 类的实例。

```
string filePath = @"C:\file.txt";
FileStream fs = new FileStream(filePath);
//基于 FileStream 流对象 fs,初始化 BinaryReader 类的实例
BinaryReader br = new BinaryReader(fs);
```

2. BinaryWriter 类

BinaryWriter 类以二进制形式将基元类型写入流,并支持用特定的编码写入字符串,其

常用的方法及说明见表 9-18。

表 9-18   BinaryWriter 类的常用方法及说明

方 法	说 明
Close()	关闭流,并释放相关资源
Seek()	设置流的当前位置
Write()	将值写入当前流

下面的代码示例演示了如何创建一个 BinaryWriter 类的实例。

```
string filePath = @"C:\file.txt";
FileStream fs = new FileStream(filePath);
//基于 FileStream 流对象 fs,初始化 BinaryWriter 类的实例
BinaryWriter br = new BinaryWriter(fs);
```

任务 1 获取文件属性和读写文件

■ 任务分析

本任务以 C♯控制台应用程序为载体,主要实现以下两个功能。

(1) 获取文件基本信息。通过 File 和 FileInfo 获取指定文件的基本信息,包括创建日期、修改日期、只读属性等。

(2) 文件读写。通过 File,打开一个指定文件,如果文件存在,则读取文件内容;如果文件不存在,则创建该文件。

指定文件是存储在本地磁盘 d 中的 hello.txt,它里面的内容如图 9-1 所示。

图 9-1   指定文件的内容

◆ 任务实施

【步骤 1】 在 Visual Studio 中新建一个 C♯控制台应用程序,项目名为 FileAttribute-Operation。

【步骤 2】 引入 System.IO 命名空间,这个命名空间用于文件和文件流的处理。

```
using System.IO;
```

【步骤 3】 在 Program 类的 Main()方法中编写如下代码:

```
class Program
```

```csharp
    {
        static void Main(string[] args)
        {
            Console.WriteLine(" -------------- 通过 FileInfo 获取文件基本信息 -------- ");
            FileInfo fi = new FileInfo(@"d:\hello.txt");
            if (fi.Exists)
            {
                Console.WriteLine("文件的名字是:{0}",fi.Name);
                Console.WriteLine("文件的扩展名是:{0}", fi.Extension);
                Console.WriteLine("文件的完整路径是:{0}", fi.FullName);
                if(fi.IsReadOnly)
                    Console.WriteLine("文件是只读的");
                else
                    Console.WriteLine("文件是可写的");
                Console.WriteLine("文件的大小:{0}",fi.Length);
                Console.WriteLine("文件的创建时间是:{0}",fi.CreationTime);
                Console.WriteLine("文件上次修改时间是:{0}", fi.LastWriteTime);
            }
            Console.WriteLine("\n\n----------- 通过 File 获取文件基本信息 ---------- ");
            if (File.Exists(@"d:\hello.txt"))
            {
                Console.WriteLine("文件的创建时间是:{0}", File.GetCreationTime(@"d:\hello.txt"));
                Console.WriteLine("文件上次修改时间是:{0}", File.GetLastWriteTime(@"d:\hello.txt"));
                Console.WriteLine("文件上次访问时间是:{0}", File.GetLastAccessTime(@"d:\hello.txt"));
            }
            Console.WriteLine("\n\n------------------ 文件读写 ------------------ ");
            string path = @"d:\hello.txt";
            if(File.Exists(path))
            {   //当要读取的文件中含有汉字,需要指定编码 Encoding.GetEncoding("GB2312")
                string[] content = File.ReadAllLines(path, Encoding.GetEncoding("GB2312"));
                Console.WriteLine("读取文件:");
                foreach(string s in content)
                {
                    Console.WriteLine(s);
                }
            }
            else
            {
                string[] content = {"白日依山尽,","黄河入海流。"};
                File.WriteAllLines(path,content);
                Console.WriteLine("文件已经写入!");
            }
        }
    }
```

【步骤 4】 按 Ctrl＋F5 键运行该程序,运行结果如图 9-2 所示。

如果在 d 盘上没有 hello.txt 文件,则运行程序,运行结果如图 9-3 所示;打开 d 盘,发现新建了一个 hello.txt 文件,里面的内容如图 9-4 所示,表明文件写入成功。

图 9-2 文件操作运行结果图

图 9-3 文件不存在时的运行结果图

图 9-4 文件写入成功

任务2 文件基本操作

■ 任务分析

本任务以 C♯ Windows 窗体应用程序为载体,使用 File 类实现文件的基本操作,如创建文件、复制文件、更改文件的名称、删除文件、移动文件等。

◆ 任务实施

【步骤1】 在 Visual Studio 中新建一个 C♯ Windows 窗体应用程序,项目名为 FileBase-Operation。

【步骤2】 程序设计界面。

在窗体中添加 1 个标签控件(label1)、1 个文本框控件(textBox1)、5 个按钮控件(button1～button5),适当调整控件的大小及布局,如图 9-5 所示。

【步骤3】 设计窗体及控件属性。

窗体及控件的属性列表如表 9-19 所示。设置完属性的程序设计界面效果图如图 9-6 所示。

表 9-19　窗体及控件的属性列表

控件原来的 Name 属性	Name 属性	Text 属性
Form1		文件基本操作示例
label1		请输入要创建的文件的信息:
textBox1	txtFile	
button1	btnCreate	创建文件
button2	btnCopy	复制文件
button3	btnRename	更改文件名
button4	btnMove	移动文件
button5	btnDelete	删除文件

图 9-5　程序设计界面　　　　　　图 9-6　设置完属性的程序设计界面

【步骤4】 在设计界面双击"创建文件"按钮,添加"创建文件"按钮的 Click 事件代码如下:

```
private void btnCreate_Click(object sender, EventArgs e)
{
    string path = @txtFile.Text;
    if (File.Exists(path))
        MessageBox.Show("文件已经存在");
    try
    {
```

```
        using (StreamWriter sw = File.CreateText(path))
        {
            sw.WriteLine("相见时难别亦难,东风无力百花残。");
            sw.WriteLine("春蚕到死丝方尽,蜡炬成灰泪始干。");
            sw.WriteLine();
            sw.WriteLine("建立日期时间" + DateTime.Now.ToString());
            sw.Flush();
            MessageBox.Show("文件创建成功!");
        }
    }
    catch(Exception ex){
MessageBox.Show("文件无法建立。" + Environment.NewLine + "请确认文件名称是否正确,"
            + "以及您是否拥有建立权限。");
    }
}
```

【步骤 5】 在设计界面双击"复制文件"按钮,添加"复制文件"按钮的 Click 事件代码如下:

```
private void btnCopy_Click(object sender, EventArgs e)
{
    try
    {
        File.Copy(@"d:\t87.txt",@"c:\t87_1.txt",true);
        FileInfo fi = new FileInfo(@"d:\t87.txt");
        fi.CopyTo(@"c:\t87_2.txt",true);
        MessageBox.Show("OK!");
    }
    catch (Exception ex)
    {
        MessageBox.Show(ex.Message);
        return;
    }
}
```

【步骤 6】 添加 Microsoft.VisualBasic 的引用,如图 9-7 所示。

在设计界面双击"更改文件名"按钮,添加"更改文件名"按钮的 Click 事件代码如下:

```
using Microsoft.VisualBasic.Devices;
private void btnRename_Click(object sender, EventArgs e)
{
    try
    {
        Computer MyComputer = new Computer();
        File.Copy(@"d:\t87.txt",@"c:\t87_3.txt",true);
        MyComputer.FileSystem.RenameFile(@"c:\t87_3.txt","更改文件名.txt");
        MessageBox.Show("更改文件名成功!");
```

图 9-7　添加 Microsoft. VisualBasic 的引用

```
    }
    catch(Exception ex)
    {
        MessageBox.Show(ex.Message);
        return;
    }
}
```

【步骤 7】　在设计界面双击"移动文件"按钮，添加"移动文件"按钮的 Click 事件代码
如下：

```
private void btnMove_Click(object sender, EventArgs e)
{
    File.Copy(@"d:\t87.txt", @"c:\Test1.txt", true);
    File.Copy(@"d:\t87.txt", @"c:\Test2.txt", true);

    File.Move(@"c:\Test1.txt",@"d:\移动 1.txt");

    FileInfo fi = new FileInfo(@"c:\Test2.txt");
    fi.MoveTo(@"d:\移动 2.txt");
```

```
        MessageBox.Show("文件移动成功!");
    }
```

【步骤8】 在设计界面双击"删除文件"按钮,添加"删除文件"按钮的 Click 事件代码如下:

```
private void btnDelete_Click(object sender, EventArgs e)
{
    try
    {
        File.Copy(@"d:\t87.txt", @"c:\Test3.txt", true);
        File.Copy(@"d:\t87.txt", @"c:\Test4.txt", true);
        if (File.Exists(@"c:\Test3.txt"))
            File.Delete(@"c:\Test3.txt");

        FileInfo fi = new FileInfo(@"c:\Test4.txt");
        if (fi.Exists)
        {
            fi.Delete();
        }
        MessageBox.Show("文件删除成功!");
    }
    catch (Exception ex)
    {
        MessageBox.Show(ex.Message);
        return;
    }
}
```

【步骤9】 执行程序。

按 F5 键或单击工具栏上的"启动调试"按钮,程序开始运行,在文本框中输入文件信息,单击"创建文件"按钮,如图 9-8 所示。打开 d 盘上的 t87.txt 文件,文件内容如图 9-9 所示。依次单击其他按钮,参照代码查看本地磁盘文件的变化情况。

图 9-8 创建文件运行结果图

图 9-9 t87.txt 文件内容

任务3　目录操作

■ 任务分析

本任务以 C♯控制台应用程序为载体,遍历指定 Windows 文件夹目录下的所有文件及文件夹。

◆ 任务实施

【步骤 1】　在 Visual Studio 中新建一个 C♯控制台应用程序,项目名为 DirOperationDemo。

【步骤 2】　引入 System.IO 命名空间,这个命名空间用于文件和文件流的处理。

```
using System.IO;
```

【步骤 3】　在 Program 类的 Main()方法中编写如下代码:

```
class Program
{
    static void Main(string[] args)
    {
        string src = @"c:\windows";
        if (Directory.Exists(src))
        {
            //获取文件
            string[] files = Directory.GetFiles(src);
            Console.WriteLine("共有{0}个文件: ", files.Length);
            foreach(string file in files)
            {
                Console.WriteLine(file);
            }
            //获取子目录
            string[] dirs = Directory.GetDirectories(src);
            Console.WriteLine("共有{0}个子目录: ", dirs.Length);
            foreach(string dir in dirs)
            {
                Console.WriteLine(dir);
            }
        }
        else
        {
            Console.WriteLine("目录未找到! ");
        }
        Console.ReadKey();
    }
}
```

【步骤 4】　按 Ctrl+F5 键运行应用程序,运行结果如图 9-10 所示。

图 9-10 目录操作运行结果

任务 4 文件流

■ 任务分析

本任务以 C♯ 控制台应用程序为载体，使用 FileStream 类，从随机访问文件中读取和写入数据。

◆ 任务实施

【步骤 1】 在 Visual Studio 中新建一个 C♯ 控制台应用程序，项目名为 FileStreamDemo。

【步骤 2】 引入 System.IO 命名空间，这个命名空间用于文件和文件流的处理。

```
using System.IO;
```

【步骤 3】 引入 System.Text 命名空间，这个命名空间用于字符数组的编码和解码。

```
using System.Text;
```

【步骤 4】 在 Program 类的 Main() 方法中编写代码：

```
class Program
{
    static void Main(string[] args)
    {
        byte[] bydata;
```

```
        char[] chardata;
        string filename = @"d:\FileStreamDemo.txt";
        if (File.Exists(filename))                    //如果文件存在,则读取数据
        {
            FileStream fs = new FileStream(filename, FileMode.Open, FileAccess.Read);
            fs.Seek(0, SeekOrigin.Begin);             //将文件指针移动到文件的第1个字节
            bydata = new byte[100];
            chardata = new char[100];
            fs.Read(bydata, 0, 100);                  //用流读取数据
            fs.Close();
          string s = Encoding.UTF8.GetString(bydata);//字节数组转换为字符串
            Console.WriteLine("读取数据: ");
            Console.WriteLine(s);
            Console.ReadKey();
        }
        else                                          //如果文件不存在,则创建文件并写入数据
        {
            FileStream fs = new FileStream(filename,FileMode.Create,FileAccess.ReadWrite);
            string s = "世上无难事,只怕有心人。";
            bydata = Encoding.UTF8.GetBytes(s);       //将字符串转换为字节数组
            fs.Seek(0,SeekOrigin.Begin);
            fs.Write(bydata,0,bydata .Length);
            fs.Close();
            Console.WriteLine("数据已写入!");
            Console.ReadKey();
        }
    }
}
```

【步骤5】　按 Ctrl＋F5 键运行应用程序,运行结果如图 9-11～图 9-13 所示。

图 9-11　指定文件不存在时的运行结果

图 9-12　数据已写入后指定文件的内容

图 9-13　指定文件存在时的运行结果

任务5 读写文本文件

■ 任务分析

本任务以 C♯ Windows 窗体应用程序为载体,使用 StreamReader 类和 StreamWriter 类读写文本文件。

◆ 任务实施

【步骤1】 在 Visual Studio 中新建一个 C♯ Windows 窗体应用程序,项目名为 Stream-RWDemo。

【步骤2】 程序设计界面。

在窗体中添加 1 个标签控件(label1)、2 个文本框控件(textBox1、textBox2)、2 个按钮控件(button1、button2)、1 个打开文件对话框(openFileDialog1)、1 个保存文件对话框(saveFileDialog1),适当调整控件的大小及布局,如图 9-14 所示。

【步骤3】 设计窗体及控件属性。

窗体及控件的属性列表如表 9-20 所示。设置完属性的程序设计界面效果图如图 9-15 所示。

表 9-20 窗体及控件的属性列表

控件原来的 Name 属性	Name 属性	Text 属性	Dock 属性	Multiline 属性	ScrollBars 属性
Form1		读写文本文件			
label1		选择要读取的文件:			
textBox1	txtFilePath				
textBox2	txtFileContent		Bottom	true	Vertical
button1	btnRead	读取			
button2	btnWrite	写入			
openFileDialog1	ofdOpen				
saveFileDialog1	sfdSave				

图 9-14 程序设计界面

图 9-15 设置完属性的程序设计界面

【步骤 4】 在"解决方案资源管理器"窗口中,先选择 Form1.cs,再单击"查看代码"按钮,切换到 Form1.cs 代码窗口,在代码顶端添加对 System.IO 和 System.Text 命名空间的引用。

```
using System.IO;
using System.Text;
```

【步骤 5】 在窗体中,双击"读取"按钮,编写 btnRead 的 Click 事件处理程序,代码如下:

```
private void btnRead_Click(object sender, EventArgs e)
{
  if (ofdOpen.ShowDialog() == DialogResult.OK)        //显示打开文件对话框
      {
          string filePath = ofdOpen.FileName;
          txtFilePath.Text = filePath;

          if (File.Exists(filePath))                 //判断指定的文件是否存在
              {
              //StreamReader sr = new StreamReader(filePath);
    StreamReader sr = new StreamReader(filePath,Encoding.GetEncoding("gb2312"));
                  string input;
                  while ((input = sr.ReadLine()) != null)
                  {
                          txtFileContent.Text += input + "\r\n";
                  }
                  sr.Close();
              }
              else
              {
                  MessageBox.Show("您要读取的文件不存在!");
              }
          }
  }
```

【步骤 6】 在窗体中,双击"写入"按钮,编写 btnWrite 的 Click 事件处理程序,代码如下:

```
private void btnWrite_Click(object sender, EventArgs e)
{
  sfdSave.Filter = "文本文件(*.txt)|*.txt";
  if (sfdSave.ShowDialog() == DialogResult.OK)  //显示保存文件对话框
  {
    string filePath = sfdSave.FileName;
    //创建 StreamWriter 对象写入文件,如果文件存在,则文件被改写,否则将创建新文件写入
    StreamWriter sw = new StreamWriter(filePath,false);
    sw.WriteLine(txtFileContent.Text);
    sw.Close();
  }
}
```

【**步骤 7**】 单击工具栏的"启动调试"按钮,或按 F5 键运行应用程序。运行结果如图 9-16～图 9-19 所示。

图 9-16 读取文本文件(单击"读取"按钮)

图 9-17 写入文本文件(单击"写入"按钮)

图 9-18 单击图 9-17 中的"写入"按钮,弹出保存文件对话框

图 9-19 写入成功后的文件内容

任务6   读写二进制文件

■ 任务分析

本任务以 C♯ Windows 窗体应用程序为载体,使用 BinaryReader 类和 BinaryWriter 类读写二进制文件。

◆ 任务实施

【步骤 1】   在 Visual Studio 中新建一个 C♯ Windows 窗体应用程序,项目名为 Binary-RWDemo。

【步骤 2】   程序设计界面。

在窗体中添加 1 个标签控件(label1)、1 个文本框控件(textBox1)、2 个按钮控件(button1、button2),适当调整控件的大小及布局,如图 9-20 所示。

【步骤 3】   设计窗体及控件属性。

窗体及控件的属性列表如表 9-21 所示。设置完属性的程序设计界面效果图如图 9-21 所示。

表 9-21   窗体及控件的属性列表

控件原来的 Name 属性	Name 属性	Text 属性	Multiline 属性	ScrollBars 属性
Form1		读写二进制文件		
label1		读写二进制文件:		
textBox1	txtFile		True	Vertical
button1	btnRead	读取		
button2	btnWrite	写入		

图 9-20   程序设计界面

图 9-21   设置完属性的程序设计界面

【步骤 4】   在"解决方案资源管理器"窗口中,先选择 Form1.cs,再单击"查看代码"按钮,切换到 Form1.cs 代码窗口,在代码顶端添加对 System.IO 命名空间的引用。

```
using System.IO;
```

【步骤5】 在窗体中，双击"写入"按钮，编写"写入"按钮的 Click 事件处理程序，代码如下：

```
private void btnWrite_Click(object sender, EventArgs e)
{
    string filePath = @"d:\Test.txt";
    //创建文件,如果文件已经存在,则覆盖该文件
    FileStream fs = new FileStream(filePath,FileMode.Create);
    //创建写入器,即创建文件的写入流
    BinaryWriter bw = new BinaryWriter(fs);
    //写入一个整型值
    bw.Write(2018);
    //写入一个浮点值
    bw.Write(3.1415926);
    //写入一个字符串
    bw.Write("Good Luck!");
    MessageBox.Show("写入文件成功!");
    //关闭流
    bw.Close();
    fs.Close();
}
```

【步骤6】 在窗体中，双击"读取"按钮，编写"读取"按钮的 Click 事件处理程序，代码如下：

```
private void btnRead_Click(object sender, EventArgs e)
{
    string filePath = @"d:\Test.txt";
    //判断要读取的文件是否存在
    if (File.Exists(filePath))
    {
        FileStream fs = new FileStream(filePath, FileMode.Open, FileAccess.Read);
        //创建读取器,即创建文件的读取流
        BinaryReader br = new BinaryReader(fs);
        //从文件中读取数据
        //读出一个整型值
        int a = br.ReadInt32();
        //读出一个浮点值
        double d = br.ReadDouble();
        //读出一个字符串
        string s = br.ReadString();
        //显示在文本框中
        txtFile.Text = a.ToString() + "\r\n" + d.ToString() + "\r\n" + s;
        //关闭流
        br.Close();
        fs.Close();
    }
    else
    {
        MessageBox.Show("当前文件不存在!");
    }
}
```

【步骤 7】 单击工具栏的"启动调试"按钮,或按 F5 键运行应用程序。运行结果如图 9-22 和图 9-23 所示。

图 9-22 写入二进制文件运行结果   图 9-23 读取二进制文件运行结果

项目小结

大多数应用程序都需要实现与设备之间的数据传输,例如,键盘可以输入数据、显示器可以显示程序的运行结果等,这就需要使用到输入输出技术——文件操作。本项目通过 6 个任务讲解了 C♯ 的文件操作。通过本项目的学习,读者掌握了 C♯ 中文件和流的基础知识,掌握了对文件和目录的多种操作方法,能熟练使用各种流读写文本文件和二进制文件。

拓展实训

一、实训的目的和要求
(1)理解文件和流的概念。
(2)掌握对文件和目录的多种操作方法。
(3)熟练使用各种流读写文件。

二、实训内容
1)文件操作

在 D 盘下新建一个文本文件,编写程序使用 File 类,对该文件进行复制、移动、删除等操作,并获取文件属性。

具体要求如下:
(1)创建一个 C♯ Windows 窗体应用程序,项目名命名为 ch09_Task01;
(2)在界面上添加若干个 Button 控件,其 Text 属性设置为具体的操作名;
(3)编写按钮的 Click 事件,完成具体功能。

2)文件流的应用

使用 FileStream 类写入和读取文件。

要求:
(1)创建一个 C♯ Windows 窗体应用程序,项目名命名为 ch09_Task02;

（2）在界面上添加 2 个按钮控件，其 Text 属性分别设置为"写入"和"读出"；

（3）编写"写入"按钮代码：

① 定义一个字节数组，并赋初始值；

② 以创建文件的方式创建 FileStream 流；

③ 将字节数组中的数据写入到 FileStream 流中；

④ 关闭 FileStream 流；

⑤ 使用消息框提示写入文件成功。

（4）编写"读取"按钮代码：

① 以打开文件的方式创建 FileStream 流；

② 定义一个空的字节数组；

③ 将 FileStream 流中的数据读到字节数组中；

④ 关闭 FileStream 流；

⑤ 将读取到的数据输出来。

3）读写文本文件

使用 StreamReader 和 StreamWriter 类读写文本文件。要求如下：

（1）创建一个 C♯ Windows 窗体应用程序，项目名命名为 ch09_Task03；

（2）在界面上添加两个标签，分别用来描述"姓名"和"工资"；3 个文本框，其中两个用来接收姓名和工资的输入，另外一个用来显示写入成功的数据（该文本框设置为多行文本框）；2 个按钮，按钮上的文本分别为"写入"和"读取"。

（3）编写"写入"按钮代码，通过 StreamWriter 类，实现将姓名文本框和工资文本框中的内容写入到文件中。

（4）编写"读取"按钮代码，通过 StreamReader 类，实现将指定文件中的数据显示在多行文本框中。

4）读写二进制文件

使用 BinaryReader 和 BinaryWriter 类读写二进制文件。要求如下：

（1）创建一个 C♯ Windows 窗体应用程序，项目名命名为 ch09_Task04；

（2）在界面上添加两个标签，分别用来描述"姓名"和"工资"；3 个文本框，其中两个用来接收姓名和工资的输入，另外一个用来显示写入成功的数据（该文本框设置为多行文本框）；两个按钮，按钮上的文本分别为"写入"和"读取"。

（3）编写"写入"按钮代码，通过 BinaryWriter 类，实现将姓名文本框和工资文本框中的内容写入到文件中，其中工资值转换为 double 类型。

（4）编写"读取"按钮代码，通过 BinaryReader 类，读取指定文件中的数据，每个数据按其写入的格式读出，并显示在多行文本框中，注意换行。

5）目录操作

遍历指定 windows 文件夹目录下的所有文件，将 ∗.log 文件复制到当前目录下。要求如下：

（1）创建一个 C♯ 控制台应用程序，项目名命名为 ch09_Task05；

（2）使用 Directory 类遍历制定目录下所有文件，在控制台上显示遍历结果；

（3）使用 Path 类实现遍历所有 log 文件，结合 File 类实现将 ∗.log 文件复制到当前目录下，在控制台显示复制结果。

习题

一、选择题

1. 在 C♯ 中对文件夹操作,通常需要引入命名空间(　　)。

  A. using System. Text
               B. using System. Net

  C. using System. IO
                   D. System. Data. OleDb

2. 实现递归删除文件夹及文件,完成下列程序:(1)(　　)、(2)(　　)、(3)(　　)、(4)(　　)。

```
public static void DeleteFolder(string dir)
{
    if (Directory.   1   (dir))          //如果存在这个文件夹删除之
    {
        foreach(string d in    2   .GetFileSystemEntries(dir))
        {
            if (File.Exists(d))
                File.   3   (d);          //直接删除其中的文件
            else
                   4   (d);               //递归删除子文件夹
        }
        Directory.Delete(dir);            //删除已空文件夹
    }
}
```

  A. Exist
          B. Exists
          C. Directory

  D. Delete
          E. DeleteFolder
     F. DeleteDirectory

3. StreamWriter 对象的下列方法,可以向文本文件写入一行带回车和换行的文本的是(　　)。

  A. WriteLine()
    B. Write()
    C. WritetoEnd()
    D. Read()

4. 使用 Directory 类的下列方法,可以获取指定文件夹中文件的是(　　)。

  A. Exists()
                 B. GetFiles()

  C. GetDirectories()
           D. CreateDirectory()

5. 指定操作系统读取文件方式中的 FileMode. Create 的含义是(　　)。

  A. 打开现有文件

  B. 指定操作系统应创建文件,如果文件存在,将出现异常

  C. 打开现有文件,若文件不存在,出现异常

  D. 指定操作系统应创建文件,如果文件存在,将被改写

6. 在使用 FileStream 打开一个文件时,通过使用 FileMode 枚举类型的(　　)成员,来指定操作系统打开一个现有文件并把文件读写指针定位在文件尾部。

  A. Append
    B. Create
    C. CreateNew
    D. Truncate

7. SreamReader 类的(　　)方法用于从流中读取一行字符。如果到达流的末尾,则返回 null。

  A. ReadLine
    B. Read
      C. WriteLine
    D. Write

二、填空题

1. C♯文件操作,通常要引入_____命名空间。

2. 语句"Directory. Delete(@"f:\bbs2", true);"的作用是_____。

3. 语句"string[] dirs = Directory. GetDirectories(@"f:\", "b * ");"的作用是_____。

4. 确定文件是否存在的方法是_____。

5. FileInfo. AppendText 的作用是_____。

三、简答题

简要说明 Directory 类与 DirectoryInfo 类有何区别。二者分别适用于什么场合?

四、编程题

1. 编写程序,用 Directory 类提供的方法确定指定的目录是否存在,如果不存在,则创建该目录;然后在其中创建一个文件,并将一个字符串写到文件中。

2. 编写程序,使用 File 类实现删除指定目录下的指定文件。

3. 编写程序使用 StreamReader 和 StreamWriter 完成文本文件的读写。功能要求:创建 C:\test. txt 文件,并向文件中写入一些数据,然后再打开该文件,读出该文件的内容。

项目 10
综合实训

 项目情境

在前面的项目中,我们跟随软件公司的小张学习了 Visual C♯ 开发环境、C♯ 语言基础、程序流程控制、窗体设计、集合类型、面向对象程序设计、文件操作等内容。通过这些内容的学习,我们已经具备了开发一套系统的基本理论及基本技能了,本项目运用前面学习的知识进行综合实训。

信息化已经渗透到各个传统产业。对于中小商业者来说,用一个管理信息系统软件,实现房屋、出租人、客户的信息化管理和查询,以及简单的利润核算,可以大大提高管理效率。

下面就走进软件公司小张开发的面向对象应用程序项目,用 Visual C♯ 作为开发工具完成一个房屋出租管理系统。

 学习重点与难点

➢ 窗体设计
➢ 面向对象程序设计
➢ ADO. NET 数据库访问技术

 学习目标

➢ 熟练掌握 C♯ 语言的编程基础知识。
➢ 掌握面向对象程序设计的技术、基本思想、基本思路和方法。
➢ 会进行窗体设计,实现良好的与用户的交互功能。
➢ 会使用 ADO. NET 数据库访问技术访问数据库中的数据。
➢ 能够灵活地利用所学的 C♯ 基本知识和技术,解决现实生活中的问题。

任务描述

任务1 房屋出租管理系统的概要设计
任务2 数据库设计
任务3 公共类设计
任务4 登录模块的设计及功能实现

任务 5   主窗体模块的设计及功能实现
任务 6   出租人信息模块的设计及功能实现
任务 7   房屋信息模块的设计及功能实现
任务 8   房屋查询模块的设计及功能实现
任务 9   客户查询模块的设计及功能实现
任务 10   利润信息模块的设计及功能实现

 相关知识

知识要点：

➤ ADO.NET
➤ SqlConnection
➤ SqlCommand
➤ SqlDataReader
➤ SqlDataAdapter
➤ DataSet
➤ DataGridView

知识点 1   ADO.NET 概述

数据库操作是计算机应用软件开发中的重要组成部分，我们平常使用的应用软件几乎都离不开数据的存取操作，这些操作一般都是通过访问数据库来实现的。比如登录 QQ，只要输入账号和密码，QQ 聊天系统就会通过访问数据库来验证，从而判断用户是否可以正常登录。目前，市场上有很多种不同的数据库管理系统，常见的有 Access、SQL Server、Oracle、DB2、MySQL 等，不同的数据库管理系统所要求的数据访问接口不尽相同。因此，有必要在应用程序与数据库之间建立一种有效的、便捷的数据访问模型来统一访问不同的数据库的接口，如图 10-1 所示。

图 10-1   数据访问模型

数据访问模型有很多种，如 ODBC、DAO、RDO、OLE DB、ADO 及 ADO.NET 等。

随着 Internet 的发展和 Web 应用程序的应用，大大改变了许多应用程序的设计方式，传统的保持连接方式下的数据访问无法适应 Web 应用程序的开发。因此,在.NET Framework 中,Microsoft 提供了一个面向 Internet 版本的 ADO,称为 ADO.NET。ADO.NET 是 Microsoft 在.NET Framework 中负责数据访问的类库,支持断开连接方式下的数据访问,在.NET Framework 中起着举足轻重的作用。

ADO.NET 是基于.NET Framework 的用于数据访问服务的对象模型,提供对关系数据库、XML 等数据源的一致访问。无论后台数据源是什么类型的,ADO.NET 都可以采用一致的方式来连接到这些数据源,并可以检索、处理和更新其中包含的数据。

ADO.NET 包含两大核心组件,分别是.NET Framework 数据提供程序和 DataSet 数据集,.NET Framework 数据提供程序同真实数据进行沟通,负责与数据源的物理连接等,它提供了一些类,这些类用于连接到数据源,对数据源执行命令,返回数据源的查询结果等;DataSet 数据集用于表示真实数据,即包含了实际的数据。这两个组件都与应用程序进行交互。ADO.NET 对象模型如图 10-2 所示。

图 10-2 ADO.NET 对象模型

1. 数据提供程序

.NET Framework 数据提供程序是 ADO.NET 对象模型的核心组件,用于连接数据库、执行命令和检索结果。针对不同类型的数据源,.NET Framework 提供了不同的数据提供程序,如表 10-1 所示。

表 10-1 .NET Framework 数据提供程序

.NET Framework 数据提供程序	描　述
SQL Server .NET Framework 数据提供程序	提供对 Microsoft SQL Server 数据的访问。使用 System.Data.SqlClient 命名空间
OLE DB .NET Framework 数据提供程序	提供对使用 OLE DB 公开的数据源中数据的访问。使用 System.Data.OleDb 命名空间

续表

.NET Framework 数据提供程序	描　述
ODBC .NET Framework 数据提供程序	提供对使用 ODBC 公开的数据源中数据的访问。 使用 System.Data.Odbc 命名空间
Oracle .NET Framework 数据提供程序	适用于 Oracle 数据源。 使用 System.Data.OracleClient 命名空间
EntityClient 提供程序	提供对实体数据模型应用程序的数据访问。 使用 System.Data.EntityClient 命名空间

.NET Framework 数据提供程序包含用于数据访问的 4 个核心对象,不同的数据提供程序的对象名前缀会有所不同。例如,SQL Server .NET Framework 数据提供程序包含以下 4 个核心对象。

1) SqlConnection

SqlConnection 类是用来连接数据库的。使用 SqlConnection 类连接数据库,需要用到该类的一些方法和属性,还需要设置数据库连接字符串。SqlConnection 类的常用属性如表 10-2 所示。SqlConnection 类的常用方法如表 10-3 所示。

表 10-2　SqlConnection 类的常用属性

属 性 名 称	描　述
CommandTimeout	定义了使用 Execute 方法运行一条 SQL 命令的最长时限,能够中断并产生错误。默认值为 30 秒,设定为 0 表示没有限制
ConnectionString	设定连接数据源的信息,包括 FlieName、Password、UserId、DataSource、Provider 等参数
ConnectionTimeout	设置在终止尝试和产生错误前建立数据库连接期间所等待的时间,该属性设置或返回指示等待连接打开的时间的长整型值(单位为秒),默认值为 15。如果将该属性设置为 0,ADO 将无限等待直到连接打开
DefaultDatabase	定义连接默认数据库
Mode	建立连接之前,设定连接的读写方式,决定是否可更改目前数据。0—不设定(默认)、1—只读、2—只写、3—读写
Provider	设置连接的数据提供者(数据库管理程序),默认值是 MSDASQL（Microsoft-ODBC For OLEDB）
State	读取当前链接对象的状态,取 0 表示关闭,1 表示打开

表 10-3　SqlConnection 类的常用方法

方 法 名 称	描　述
Open	使用 ConnectionString 所指定的属性设置打开数据库连接
Close	关闭与数据库的连接。这是关闭任何打开连接的首选方法
Dispose	释放由 Component 占用的资源
CreateCommand	创建并返回一个与 SqlConnection 关联的 SqlCommand 对象

使用 SqlConnection 连接到数据库的步骤:

(1) 在代码顶部,引入 ADO.NET 类的命名空间

```
Using System.Data.SqlClient;
```

（2）定义数据库连接字符串。指明要连接到的数据库服务器的 IP 地址或者计算机名，指明要连接哪个数据库、登录数据库的账号密码等等。

- 标准连接（数据库登录验证模式）：

string connStr = "server = 计算机名或 IP 地址;database = 数据库名;userid = 用户名;password = 密码";

- 信任连接（windows 身份验证模式）：

string connStr = "server = 计算机名或 IP 地址;database = 数据库名;Integrated Security = SSPI; Persist Security Info = false";

（3）利用定义好的数据库连接字符串来创建 SqlConnection 对象。

SqlConnection conn = new SqlConnection(connStr);

（4）执行 SqlConnection 对象的 open()方法，打开数据库连接，连接到数据库。

conn.open();

（5）对数据库访问完之后，可以调用 SqlConnection 对象的 close()方法，断开连接。

conn.close();

2）SqlCommand

使用 SqlCommand 对象查询数据库并返回 Recordset 对象中的记录，以便执行大量操作或处理数据库结构；也可以直接对数据库数据进行添加数据、修改数据、删除数据等操作。

SqlCommand 对象的常用属性和方法如表 10-4 所示。

表 10-4　SqlCommand 对象的常用属性和方法

类　　别	名　　称	说　　明
属性	CommandText	获取或设置对数据库执行的 SQL 语句
	Connection	获取或设置此 Command 对象使用的 Connection 对象的名称
方法	ExecuteNonQuery	执行 SQL 语句并返回受影响的行数
	ExecuteReader	执行查询语句，返回 DataReader 对象
	ExecuteScalar	执行查询，返回结果集中第一行的第一列

使用 SqlCommand 对象对数据库进行操作的步骤如下：

（1）引入 ADO.NET 类的命名空间。

（2）创建数据库连接字符串。

（3）利用创建好的数据库连接字符串来创建 SqlConnection 对象，并用 open 方法打开连接。

（4）创建 SqlCommand 对象。

（5）定义一个字符串变量，内容是要执行的 SQL 命令。

（6）把 SQL 命令字符串赋值给 SqlCommand 对象的 CommandText 属性。

（7）把 SqlConnection 对象赋值给 SqlCommand 对象的 Connection 属性。

（8）根据不同的命令调用相应的方法：

- 如果是增加、删除、修改命令，要调用 ExecuteNonQuery()方法；
- 如果是查询命令，返回 DataReader 对象，要调用 ExecuteReader()方法；
- 如果是查询命令，返回结果集中第一行的第一列，要调用 ExecuteScalar()方法。

3）SqlDataAdapter

SqlDataAdapter 类位于 System. Data. SqlClient 命名空间中，是一个不可继承的类，它是数据库和 DataSet 数据集之间的桥梁。SqlDataAdapter 类通过连接把 SQL 语句发送给数据提供程序处理后，提供器再通过连接将处理的结果返回给 SqlDataAdapter。返回结果或者是检索到的数据，或者是请求成功或失败的信息，然后，SqlDataAdapter 使用返回的数据生成 DataSet 对象。SqlDataAdapter 是用于填充 DataSet 和更新 SQL Server 数据库的一组数据命令和一个数据库连接。SqlDataAdapter 的常用方法如表 10-5 所示。

表 10-5　SqlDataAdapter 的常用方法

方 法 名 称	说　　明
Dispose	释放所使用的资源
Fill(DataSet，String)	把数据填充入数据集，并以指定的字符串命名
Update(DataSet)	为指定 DataSet 中每个已插入、已更新或已删除的行调用相应的 INSERT、UPDATE 或 DELETE 语句

4）SqlDataReader

SqlDataReader 类可以从数据库中读取数据，但它不能对数据进行修改、删除。SqlDataReader 提供一个来自数据库的快速、仅向前、只读数据流。若要创建 SqlDataReader，必须调用 SqlCommand 对象的 ExecuteReader 方法，而不要直接使用构造函数。

SqlDataReader 的常用方法如表 10-6 所示。

表 10-6　SqlDataReader 的常用方法

方 法 名 称	说　　明
Read()	使 SqlDataReader 对象前进到下一条记录
Close()	关闭 SqlDataReader 对象
GetValue(int i)	获取以本机格式表示的指定列的值

2. DataSet

DataSet(数据集)是 ADO. NET 对象模型的另外一个核心组件，独立于.NET Framework 数据提供程序，是被所有.NET Framework 数据提供程序使用的对象，因此它并不像.NET Framework 数据提供程序一样需要特别的前缀。DataSet 是一个容器，主要用来存储数据，在从数据库完成数据抽取后，DataSet 就是数据的存放地，它是各种数据源中的数据在计算机内存中映射成的缓存，它可以用于多种不同的数据源，用于 XML 数据，或用于管理应用程序本地的数据。从某种程度上讲，它可被看作一个简化的包含表及表间关系的关系型数据库，可以包含多个数据表(DataTable)，可以在程序中动态产生数据表。DataSet 的常用属性和方法如表 10-7 所示。

表 10-7　DataSet 的常用属性和方法

类　别	名　称	说　明
属性	Tables	获取包含在 DataSet 中的表的集合
方法	Clear	通过移除所有表中的所有行来清除任何数据的 DataSet，但不清除表的机构
	Copy	复制该 DataSet 的结构和数据
	Clone	复制 DataSet 的结构，包括所有 DataTable 架构、关系和约束。不要复制任何数据
	HasChanges 方法	判断当前数据集是否发生了更改，更改的内容包括添加行、修改行或删除行
	Merge	将指定的 DataSet、DataTable、DataRow 对象及其架构合并到当前 DataSet 中
	Reset	清除数据集包含的所有表中的数据，而且清除表结构

　　DataSet 支持对数据的断开操作，一旦把数据提取到应用程序中，就不再需要与数据库保持连接了，由于数据库连接是一种比较昂贵的资源，如果尽早释放掉连接的话，就可以让别的应用程序有更多的机会使用数据库。

　　使用 DataSet 和 SqlDataAdapter 对象对数据库进行查询操作的步骤如下：

　　(1) 引入 ADO.NET 类的命名空间。

　　(2) 创建数据库连接字符串。

　　(3) 利用定义好的数据库连接字符串来创建 SqlConnection 对象。

　　(4) 定义一个字符串变量，内容是要执行的 SQL 命令。

　　(5) 利用 SQL 命令字符串和 SqlConnection 对象创建 SqlDataAdapter 数据适配器对象。

　　(6) 创建一个空的 DataSet 数据集对象。

　　(7) 调用 SqlDataAdapter 对象的 Fill 方法将查询结果填入 DataSet。

　　注意：调用 Fill 方法时，SqlDataAdapter 会自动打开连接，读取数据后关闭连接。

　　(8) 定义一个 DataTable 数据表对象，把 DataSet 里存放的查询结果赋值给它。

　　(9) 通过 for 循环访问数据表里的每一行，并把数据读取出来。

3. ADO.NET 的数据访问模式

ADO.NET 提供以下两种数据访问模式：

1) 连线式数据访问

　　传统的数据库应用程序使用连线式数据访问：先创建并打开数据库连接，执行 SQL 命令后处理结果，最后再关闭数据库连接。在应用程序运行过程中，都要保持数据库连接。这种数据访问模式会消耗系统资源，限制应用程序的可扩展性。

　　2) 离线式数据访问

　　ADO.NET 支持离线式数据访问（也称为断开连接方式数据访问）：先创建并打开数据库连接，为来自数据源的数据创建本地内存中的缓存，然后与数据源断开连接。可以在该缓存中查询、添加、修改或删除数据,然后在有需要时可与数据源再次建立连接并将更改内容合并至数据源。这种数据访问模式提供了更好的可拓展性。

知识点2 与数据库操作相关控件

在数据库项目中,经常需要将查询到的数据显示在用户界面中,常常使用 DataGridView 控件来实现。DataGridView 控件提供一种强大而灵活的以表格形式显示数据的方式。当需要在 Windows 窗体应用程序中显示表格数据时,请首先考虑使用 DataGridView 控件,然后再考虑使用其他控件。

虽然 DataGridView 控件替代了以前版本的 DataGrid 控件并增加了功能,但是为了实现向后兼容并考虑到将来的使用,仍然保留了 DataGrid 控件。

DataGridView 控件用于在一系列行和列中显示数据,这些数据可以来自多种不同类型的数据源的表格数据。DataGridView 控件功能强大,用起来也相当方便,将数据绑定到 DataGridView 控件非常简单和直观,在大多数情况下,只需设置 DataSource 属性即可。在绑定到包含多个列表或表的数据源时,只需将 DataMember 属性设置为指定要绑定的列表或表的字符串即可。

DataGridView 的常用属性如表 10-8 所示。

表 10-8　DataGridView 的常用属性

类　　别	名　　称	说　　明
属性	CurrentRow	获取包含当前单元格的行
	DataSource	获取或设置数据源 DataGridView 显示数据
	Name	获取或设置控件的名称
	Rows	获取在 DataGridView 控件包含所有行的集合
	SortOrder	获取指示控件的项是按升序或降序排序,或者未排序的值

任务1　房屋出租管理系统的概要设计

房屋出租管理系统在中介人员、房屋出租者和房屋租赁者之间架起了一座沟通的桥梁。通过信息管理,中介人员可以方便地了解客户资料,更好地为出租方和承租方服务,增强出租方与承租方之间的沟通。解决了因手工操作而带来的时间上的延迟和信息上的闭塞。我们将房屋出租管理的流程和规则与计算机技术相结合,建立房屋出租管理系统,实现管理的自动化为承租方提供服务,并对收入进行统计,实现了管理流程全过程的电子化操作。

本系统主要实现房屋出租业务的自动化管理,为中介公司管理者提供及时的房屋信息和客户信息。本系统完成房屋管理、客户管理、房屋查询、客户查询、客户入住和利润显示等功能。

房屋出租管理系统总体功能模块图如图 10-3 所示。

图 10-3　系统总体功能模块图

本系统的运行环境具体如下。

（1）系统开发平台：Microsoft Visual Studio 2010。

（2）系统开发语言：C♯。

（3）数据库管理软件：Microsoft SQL Server 2008。

（4）运行平台：Windows 7。

（5）运行环境：Microsoft .NET Framework SDK v4.0。

（6）分辨率：最佳效果 1024×768 像素。

任务 2　数据库设计

本项目要开发的房屋出租管理系统，选取 SQL Server 2008 作为后台数据库，数据库名为 RentManage，在该数据库中有 4 个表：用户信息表（MyUser）、出租人信息表（Renter）、房屋信息表（RoomInfo）和承租客户表（Customer）。

出租人信息表（Renter）是对出租人信息的记录，结构如图 10-4 所示。

HAPPY-PC.RentManage - dbo.Renter		
列名	数据类型	允许 Null 值
RenterID	char(18)	☐
RenterName	varchar(20)	☑
Contact	varchar(20)	☑
ContractID	char(8)	☐
RenterRental	money	☐
Remark	varchar(50)	☑
		☐

图 10-4　出租人信息表（Renter）结构

房屋信息表（RoomInfo）是对房屋信息的记录，结构如图 10-5 所示。

承租客户表（Customer）是对承租客户信息记录，结构如图 10-6 所示。

以上 3 个表间的关系如图 10-7 所示。

用户信息表（MyUser）是对登录用户信息的记录，结构如图 10-8 所示。

HAPPY-PC.RentManage - dbo.RoomInfo		
列名	数据类型	允许 Null 值
RoomID	char(4)	☐
RenterID	char(18)	☐
RoomType	varchar(20)	☑
Location	varchar(50)	☑
Floor	varchar(2)	☑
RatingNum	smallint	☑
TrueNum	smallint	☑
Area	smallint	☑
Price	money	☐
AirCondition	bit	☑
Telephone	bit	☑
TV	bit	☑
WashRoom	bit	☑
Kitchen	bit	☑
Internet	bit	☑
Remark	varchar(50)	☑
		☐

图 10-5 房屋信息表(RoomInfo)结构

HAPPY-PC.RentManage - dbo.Customer		
列名	数据类型	允许 Null 值
CustomerID	char(18)	☐
CustomerName	varchar(20)	☑
Sex	char(2)	☑
NativePlace	varchar(50)	☑
IDCard	char(18)	☑
RoomID	char(4)	☐
InDate	datetime	☐
RentalDate	datetime	☑
ContractID	char(8)	☐
CustomerRental	money	☐
Remark	varchar(50)	☑
		☐

图 10-6 承租客户表(Customer)结构

图 10-7 3个表间的关系

HAPPY-PC.RentManage - dbo.MyUser		
列名	数据类型	允许 Null 值
username	varchar(20)	☐
pwd	varchar(20)	☑
		☐

图 10-8 用户信息表(MyUser)结构

任务3 公共类设计

在程序中专门设计了负责连接数据库的公共类 dbconnection,供整个房屋租赁系统所有模块使用,在当前项目中以 database\dbConnection.cs 形式存储。公共类 dbconnection 的代码如下:

```
public class dbconnection
{
    public dbconnection()
    {

    }

    public static string connection
    {
        get{ return " data source = ( local); initial catalog = RentManage; integrated security =
SSPI;"; }
    }
}
```

任务4 登录模块的设计及功能实现

为了给用户提供良好的交互界面,本系统是以 C♯ Windows 窗体应用程序为载体开发房屋出租管理系统,项目名为 RentManage。

登录模块提供用户身份验证功能,应提供用户名、密码输入框,根据用户输入查询数据库中的用户表,若查询成功,进入房屋出租系统主窗体;如果查询失败,则提示用户输入错误。登录模块主要是通过输入正确的用户名和密码进入主窗体,它可以提高程序的安全性,保护数据资料不外泄。

登录模块运行结果如图 10-9 所示。

"用户登录"界面的后台代码文件 FrmLogin.cs 代码如下:

图 10-9 登录模块运行结果

```
using System;
using System.Collections.Generic;
using System.ComponentModel;
using System.Data;
using System.Drawing;
using System.Text;
using System.Windows.Forms;
using System.Data.SqlClient;          //进行数据库操作,要导入 ADO.NET 类的命名空间
using RentManage.database;            //导入任务 3 中公共类所在的命名空间
```

```
namespace RentManage
{
    public partial class FrmLogin : Form
    {   //定义一些进行数据库操作要用到的变量
        private SqlConnection sqlConnection1 = null;
        private SqlCommand sqlCommand1 = null;
        private SqlDataAdapter sqlDataAdapter1;
        DataSet dataSet1;
        string sqlStr;

        public FrmLogin()
        {   //在构造方法中对前面定义的变量进行初始化
            InitializeComponent();
            sqlConnection1 = new SqlConnection(dbconnection.connection);
            sqlCommand1 = new SqlCommand();
            sqlCommand1.Connection = sqlConnection1;
            dataSet1 = new DataSet();
        }
        [STAThread]
        static void Main()
        {
            Application.Run(new FrmLogin());
        }
        //"用户登录"界面中"登录"按钮的 Click 事件
        private void button1_Click(object sender, EventArgs e)
        {
            sqlStr = "select * from MyUser where username = '" + this.txtName.Text.Trim() +
"' and  pwd = '" + txtPass.Text + "';";
            sqlDataAdapter1 = new SqlDataAdapter(sqlStr, sqlConnection1); //执行数据库操作
            //把查询结果放入到数据集的临时表,该临时表命名为 syuser
            sqlDataAdapter1.Fill(dataSet1, "syuser");
            DataTable mytable = dataSet1.Tables["syuser"];

            if (mytable.Rows.Count > 0)
            {
                this.Hide();
                mainform mf = new mainform();
                mf.Show();                //打开主菜单界面
            }
            else
            {
            MessageBox.Show("用户名/密码错误!请重试!", "确认", MessageBoxButtons.OK);
            }
        }
        //"用户登录"界面中"退出"按钮的 Click 事件
        private void button2_Click(object sender, EventArgs e)
        {
            this.Close();
        }
    }
}
```

任务5　主窗体模块的设计及功能实现

　　主窗体是程序操作过程中必不可少的,它是人机交互的重要环节。通过主窗体,用户可以调用系统相关的各子模块,快速掌握本系统所实现的各个功能。在房屋出租管理系统中,当登录窗体验证成功后,用户将进入主窗体。主窗体被分为 4 个部分,最上面是系统菜单栏,可以通过它调用系统中的所有子窗体。菜单栏下面是工具栏,它以按钮的形式使用户能够方便地调用最常用的子窗体。主窗体运行结果如图 10-10 所示。主窗体菜单栏各个菜单项信息如表 10-9 所示。

图 10-10　主窗体运行结果

表 10-9　主窗体菜单栏各个菜单项信息

主 菜 单 项	子 菜 单 项	子菜单项 Name 属性
系统管理	系统帮助	menuItem4
	退出系统	menuItem5
数据维护	出租人信息	menuItem6
	房屋信息	menuItem7
前台操作	房屋查询	menuItem8
	客户查询	menuItem9
	客户入住	menuItem10
	利润信息	menuItem11

　　主窗体菜单栏各子菜单项的 Click 事件代码如下:

```
private void menuItem4_Click(object sender, System.EventArgs e)
{
    Form Help = new Help();
    for(int x = 0;x < MdiChildren.Length;x++)
```

```
    {
        Form tempChild = (Form)MdiChildren[x];
        tempChild.Close();
    }
    Help.MdiParent = this;
    Help.WindowState = FormWindowState.Maximized;
    Help.Show();
}

private void menuItem5_Click(object sender, System.EventArgs e)
{
    Application.Exit();
}

private void menuItem6_Click(object sender, System.EventArgs e)
{
    Form Renter = new Renter();
    for(int x = 0;x < this.MdiChildren.Length;x++)
    {
        Form tempChild = (Form)this.MdiChildren[x];
        tempChild.Close();
    }
    Renter.MdiParent = this;
    Renter.WindowState = FormWindowState.Maximized;
    Renter.Show();
}

private void menuItem7_Click(object sender, System.EventArgs e)
{
    Form Room = new Room();
    for(int x = 0;x < this.MdiChildren.Length;x++)
    {
        Form tempChild = (Form)this.MdiChildren[x];
        tempChild.Close();
    }
    Room.MdiParent = this;
    Room.WindowState = FormWindowState.Maximized;
    Room.Show();
}

private void menuItem8_Click(object sender, System.EventArgs e)
{
    Form RoomQuery = new RoomQuery();
    for(int x = 0;x < this.MdiChildren.Length;x++)
    {
        Form tempChild = (Form)this.MdiChildren[x];
        tempChild.Close();
    }
    RoomQuery.MdiParent = this;
    RoomQuery.WindowState = FormWindowState.Maximized;
    RoomQuery.Show();
}

private void menuItem9_Click(object sender, System.EventArgs e)
```

```
    {
        Form CustomerQuery = new CustomerQuery();
        for(int x = 0;x < this.MdiChildren.Length;x++)
        {
            Form tempChild = (Form)this.MdiChildren[x];
            tempChild.Close();
        }
        CustomerQuery.MdiParent = this;
        CustomerQuery.WindowState = FormWindowState.Maximized;
        CustomerQuery.Show();
    }

    private void menuItem10_Click(object sender, System.EventArgs e)
    {
        Form Customer = new Customer("1");
        for(int x = 0;x < this.MdiChildren.Length;x++)
        {
            Form tempChild = (Form)this.MdiChildren[x];
            tempChild.Close();
        }
        Customer.MdiParent = this;
        Customer.WindowState = FormWindowState.Maximized;
        Customer.Show();
    }

    private void menuItem11_Click(object sender, System.EventArgs e)
    {
        Form Profit = new Profit();
        for (int x = 0; x < MdiChildren.Length; x++)
        {
            Form tempChild = (Form)MdiChildren[x];
            tempChild.Close();
        }
        Profit.MdiParent = this;
        Profit.WindowState = FormWindowState.Maximized;
        Profit.Show();
        //Form Profit1 = new Profit1();
        //for (int x = 0; x < MdiChildren.Length; x++)
        //{
        //    Form tempChild = (Form)MdiChildren[x];
        //    tempChild.Close();
        //}
        //Profit1.MdiParent = this;
        //Profit1.WindowState = FormWindowState.Maximized;
        //Profit1.Show();
    }
```

主窗体工具栏各命令按钮的 Click 事件代码如下：

```
private void toolBar1_ButtonClick(object sender, System.Windows.Forms.ToolBarButtonClickEventArgs e)
{
    switch(toolBar1.Buttons.IndexOf(e.Button))
    {
        case 0:                        //"出租人信息"命令按钮
```

```csharp
                Form Renter = new Renter();
                for(int x = 0;x < this.MdiChildren.Length;x++)
                {
                    Form tempChild = (Form)this.MdiChildren[x];
                    tempChild.Close();
                }
                Renter.MdiParent = this;
                Renter.WindowState = FormWindowState.Maximized;
                Renter.Show();
                break;
        case 1:                         //"房屋信息"命令按钮
                Form Room = new Room();
                for(int x = 0;x < this.MdiChildren.Length;x++)
                {
                    Form tempChild = (Form)this.MdiChildren[x];
                    tempChild.Close();
                }
                Room.MdiParent = this;
                Room.WindowState = FormWindowState.Maximized;
                Room.Show();
                break;
        case 2:                         //"房屋查询"命令按钮
                Form RoomQuery = new RoomQuery();
                for(int x = 0;x < this.MdiChildren.Length;x++)
                {
                    Form tempChild = (Form)this.MdiChildren[x];
                    tempChild.Close();
                }
                RoomQuery.MdiParent = this;
                RoomQuery.WindowState = FormWindowState.Maximized;
                RoomQuery.Show();
                break;
        case 3:                         //"客户查询"命令按钮
                Form CustomerQuery = new CustomerQuery();
                for(int x = 0;x < this.MdiChildren.Length;x++)
                {
                    Form tempChild = (Form)this.MdiChildren[x];
                    tempChild.Close();
                }
                CustomerQuery.MdiParent = this;
                CustomerQuery.WindowState = FormWindowState.Maximized;
                CustomerQuery.Show();
                break;
        case 4:                         //"利润信息"命令按钮
                Form Profit = new Profit();
                for(int x = 0;x < MdiChildren.Length;x++)
                {
                    Form tempChild = (Form)MdiChildren[x];
                    tempChild.Close();
                }
                Profit.MdiParent = this;
```

```
            Profit.WindowState = FormWindowState.Maximized;
            Profit.Show();
            break;
        case 5:                            //"退出"命令按钮
            Application.Exit();
            break;
    }
}
```

任务6　出租人信息模块的设计及功能实现

　　出租人信息模块包括两个部分：Renter 和 RenterManage。Renter 为界面表现层，主要用来显示所有的出租人信息，以及添加一个新的出租人时必须指定的出租人的属性；RenterManage 为业务逻辑层，主要用来实现数据库的交互，例如，从数据库中查询所有的出租人信息和把一个新的出租人添加到数据库中。

1. 界面表现层 Renter

　　"出租人信息"窗体需要在加载的时候，从数据库中查询出所有的出租人信息，并显示在 DataGrid 控件中，因此需要一个该窗体的 Load 事件，查询并显示出租人信息。Load 事件对应的代码如下所示。

```
private void Renter_Load(object sender, System.EventArgs e)
{
    this.strSql = " select RenterName 姓名,Contact 联系方式,ContractID 合同编号," +
            "RenterRental 出租人租金,Remark 备注,RenterID 出租人编号" +
                " from Renter ";
    this.FillDataGrid(strSql);
}
private void FillDataGrid(string sql)
{
    if(this.sqlConnection1.State == ConnectionState.Closed)
        this.sqlConnection1.Open();
    Console.WriteLine(sql);
    SqlDataAdapter adapter = new SqlDataAdapter(sql,sqlConnection1);
    ds = new DataSet("t_renter");
    adapter.Fill(ds,"t_renter");
    this.dataGrid1.SetDataBinding(ds,"t_renter");
}
```

　　在"出租人信息"界面中，用户可以添加出租人信息，如姓名、编号、合同编号、联系方式、租金等。单击"保存"按钮，保存新添加的信息到数据库，以供查询，同时在界面上显示所有的出租人信息。

　　"出租人信息"界面如图 10-11 所示。

　　"出租人信息"界面中"保存"按钮的 Click 事件代码如下：

```
private void btSave_Click(object sender, System.EventArgs e)
```

图 10-11 "出租人信息"界面

```
{
        this.add = true;
if(textContractID.Text == ""||textRenterID.Text == ""||textRenterRental.Text == "")
{
    MessageBox.Show("请输入完整信息!","提示?");
    return;
}
int renterID = Convert.ToInt16(this.textRenterID.Text);
string renterName = this.textRenterName.Text;
float renterRental = Convert.ToSingle(this.textRenterRental.Text);
int contractID = Convert.ToInt32(this.textContractID.Text);
string contact = this.textContact.Text;
string remark = this.textRemark.Text;
if(add)
{
    this.renterManage.Renter_Add(renterID,renterName,renterRental,contractID,contact,remark);
        MessageBox.Show("保存成功!");
        this.FillDataGrid(this.strSql);
    }
        else
        {
    if(this.renterManage.Renter_Modify(renterID,renterName,renterRental,contractID,contact,
remark))
        {
MessageBox.Show("修改成功!","提示",MessageBoxButtons.OK,MessageBoxIcon.Information);
            this.FillDataGrid(this.strSql);
        }
        else
        {
MessageBox.Show("修改失败!","提示",MessageBoxButtons.OK,MessageBoxIcon.Information);
```

```
            }
        this.sqlCommand1.CommandText = this.strSql;
        try
        {
            this.sqlConnection1.Open();
            this.sqlCommand1.ExecuteNonQuery();
            this.FillDataGrid(this.strSql);
        }
        catch(System.Exception E)
        {
            MessageBox.Show(E.ToString());
        }
        finally
        {
            this.sqlConnection1.Close();
        }
        this.add = false;
    }
}
```

"出租人信息"界面中"重置"按钮的 Click 事件代码如下：

```
private void btNew_Click(object sender, System.EventArgs e)
{
    this.textContact.Clear();
    this.textContractID.Clear();
    this.textRenterID.Clear();
    this.textRenterName.Clear();
    this.textRenterRental.Clear();
    this.textRemark.Clear();
}
```

2. 业务逻辑层 RenterManage

RenterManage 提供了出租人信息模块的数据库操作接口，用户界面 Renter 只要调用业务逻辑层实现的方法，便可以实现与数据库的交互。

RenterManage.cs 文件代码如下：

```
public class RenterManage
{
    private SqlConnection sqlConnection1 = null;
    private SqlCommand sqlCommand1 = null;
    private string strSql = null;

    public RenterManage()
    {
        this.sqlConnection1 = new SqlConnection(dbconnection.connection);
        this.sqlCommand1 = new SqlCommand();
        this.sqlCommand1.CommandType = CommandType.Text;
        this.sqlCommand1.Connection = this.sqlConnection1;
        //
```

```
        //TODO: 在此处添加构造函数逻辑
        //
    }


    public void Renter_Add(int renterID, string renterName, float renterRental, int contractID, string
contact, string remark)
    {
        this.strSql = "insert into Renter (RenterID, RenterName, RenterRental, ContractID, Contact,
Remark)" + " values(" + renterID + ",'" + renterName + "'," + renterRental + "," + contractID + ",'
" + contact + "','" + remark + "')";
        this.sqlCommand1.CommandText = this.strSql;
        try
        {
            this.sqlConnection1.Open();
            this.sqlCommand1.ExecuteNonQuery();
        }
        catch(System.Exception E)
        {
            Console.WriteLine(E.ToString());
        }
        finally
        {
            this.sqlConnection1.Close();
        }
    }


    public bool Renter_Modify(int renterID, string renterName, float renterRental, int
contractID, string contact, string remark)
    {
        this.strSql = "update Renter set RenterName = " + renterName + "," + "RenterRental = "
+ renterRental + "," + "ContractID = " + contractID + "," + "Contact = " + contact + "," + "Remark = "
+ remark +
                        " where RenterID = " + "'" + renterID + "'";
        this.sqlCommand1.CommandText = this.strSql;
        try
        {
            this.sqlConnection1.Open();
            this.sqlCommand1.ExecuteNonQuery();
            return true;
        }
        catch(System.Exception E)
        {
            Console.WriteLine(E.ToString());
            return false;
        }
        finally
        {
            this.sqlConnection1.Close();
        }
    }


    public void Renter_Del(int renterID)
    {
        this.strSql = "delete from Renter where RenterID = " + "'" + renterID + "'";
```

```
this.sqlCommand1.CommandText = this.strSql;
try
{
    this.sqlConnection1.Open();
    this.sqlCommand1.ExecuteNonQuery();
}
catch(System.Exception E)
{
    Console.WriteLine(E.ToString());
}
finally
{
    this.sqlConnection1.Close();
}
}
}
```

任务 7　房屋信息模块的设计及功能实现

房屋信息模块也包括两个部分：Room 界面表现层和 RoomManage 业务逻辑层。

1.界面表现层 Room

在"房屋信息"界面中,用户可以添加房屋信息,如出租人编号、房屋编号、面积、价格等,选择是否带有电视、空调等。保存新添加的房屋信息到数据库,以供查询,同时在界面上显示所有的房屋信息。

"房屋信息"界面如图 10-12 所示。

图 10-12　"房屋信息"界面

"房屋信息"界面中"保存"按钮的 Click 事件代码如下：

```
private void btSave_Click(object sender, System.EventArgs e)
{
    this.add = true;
    if(textPrice.Text == ""||textRenterID.Text == ""||textRoomID.Text == "")
    {
        MessageBox.Show("请输入完整信息!","提示");
        return;
    }
    int roomID = Convert.ToInt16(this.textRoomID.Text);
    int renterID = Convert.ToInt16(this.textRenterID.Text);
    string roomtype = this.textRoomType.Text;
    string location = this.textLocation.Text;
    string floor = this.textFloor.Text;
    int ratingNum = Convert.ToInt16(this.textRatingNum.Text);
    int trueNum = Convert.ToInt16(this.textTrueNum.Text);
    int area = Convert.ToInt16(this.textArea.Text);
    float price = Convert.ToSingle(this.textPrice.Text);
    int airCondition = Convert.ToInt16(this.checkAircondition.Checked);
    int telephone = Convert.ToInt16(this.checkTelephone.Checked);
    int TV = Convert.ToInt16(this.checkTV.Checked);
    int washRoom = Convert.ToInt16(this.checkWashRoom.Checked);
    int kitchen = Convert.ToInt16(this.checkKitchen.Checked);
    int internet = Convert.ToInt16(this.checkInternet.Checked);
    string remark = this.textRemark.Text;

    if(add)
    {
        this.roomManage.room_Add(roomID,renterID,roomtype,location,floor,ratingNum,trueNum,area,
            price,airCondition,telephone,TV,washRoom,kitchen,internet,remark);
        MessageBox.Show("保存成功!");
        this.FillDataGrid(strSql);
    }
    else
    {}
    this.sqlCommand1.CommandText = this.strSql;
    try
    {
        this.sqlConnection1.Open();
        this.sqlCommand1.ExecuteNonQuery();
        this.FillDataGrid(this.strSql);
    }
    catch(System.Exception E)
    {
        MessageBox.Show(E.ToString());
    }
    finally
    {
        this.sqlConnection1.Close();
    }
```

```
        this.add = false;
    }
    private void FillDataGrid(string sql)
    {
        if(this.sqlConnection1.State == ConnectionState.Closed)
            this.sqlConnection1.Open();
        Console.WriteLine(sql);
        SqlDataAdapter adapter = new SqlDataAdapter(sql,sqlConnection1);
        ds = new DataSet("t_room");
        adapter.Fill(ds,"t_room");
        this.dataGrid1.SetDataBinding(ds,"t_room");
    }
```

"房屋信息"界面中"重置"按钮的 Click 事件代码如下：

```
    private void btNew_Click(object sender, System.EventArgs e)
    {
        this.textArea.Clear();
        this.textFloor.Clear();
        this.textLocation.Clear();
        this.textPrice.Clear();
        this.textRatingNum.Clear();
        this.textRemark.Clear();
        this.textRenterID.Clear();
        this.textRoomID.Clear();
        this.textRoomType.Clear();
        this.textTrueNum.Clear();
        this.checkAircondition.Checked = false;
        this.checkInternet.Checked = false;
        this.checkKitchen.Checked = false;
        this.checkTelephone.Checked = false;
        this.checkTV.Checked = false;
        this.checkWashRoom.Checked = false;
    }
```

2. 业务逻辑层 RoomManage

RoomManage 提供了房屋信息模块的数据库操作接口，用户界面 Room 只要调用业务逻辑层实现的方法，便可以实现与数据库的交互。

RoomManage.cs 文件代码如下：

```
public class RoomManange
{
    private SqlConnection sqlConnection1 = null;
    private SqlCommand sqlCommand1 = null;
    private string strSql = null;

    public RoomManange()
    {
        this.sqlConnection1 = new
```

```
SqlConnection(RentManage.database.dbconnection.connection);
        this.sqlCommand1 = new SqlCommand();
        this.sqlCommand1.CommandType = CommandType.Text;
        this.sqlCommand1.Connection = this.sqlConnection1;
        //
        // TODO: 在此处添加构造函数逻辑
        //
    }

    public void room_Add(int roomID, int renterID, string roomtype, string location, string
                        floor, int ratingNum, int trueNum, int area, float price, int
                        airCondition, int telephone, int TV, int washRoom, int kitchen, int
                        internet, string remark)
    {
        this.strSql = "insert into RoomInfo
(RoomID,RenterID,RoomType,Location,Floor,RatingNum,TrueNum,Area," +
"Price,AirCondition,Telephone,TV,WashRoom,Kitchen,Internet,Remark) values (" + roomID + ",
" + renterID + "," + "'" + roomtype + "','" + location + "','" + floor + "'," + ratingNum + "," +
trueNum + "," + area + "," + price + "," + "" + airCondition + "," + telephone + "," + TV + "," +
washRoom + "," + kitchen + "," + internet + ",'" + remark + "')";
        this.sqlCommand1.CommandText = this.strSql;
        try
        {
            this.sqlConnection1.Open();
            this.sqlCommand1.ExecuteNonQuery();
        }
        catch(System.Exception E)
        {
            Console.WriteLine(E.ToString());
        }
        finally
        {
            this.sqlConnection1.Close();
        }
    }
}
```

任务8　房屋查询模块的设计及功能实现

在"房屋查询"界面中,用户可以输入相应的查询条件,单击"查询"按钮查询房屋信息,如图 10-13 所示。

"房屋查询"界面中"查询"按钮的 Click 事件代码如下:

```
private void btQuery_Click(object sender, System.EventArgs e)
{
    bool flag = true;
    this.strSql = " select RoomType 类型,Location 位置,Floor 楼层,RatingNum 额定人数," +
            " TrueNum 实住人数,Area 面积,Price 价格," +
```

图 10-13　"房屋查询"界面—根据输入的条件查询房屋信息

```
                    " case AirCondition when 1 then '有' when 0 then '无' end 空调," +
                    " case Telephone when 1 then '有' when 0 then '无' end 电话," +
                    " case TV when 1 then '有' when 0 then '无' end 电视," +
                    " case WashRoom when 1 then '有' when 0 then '无' end 卫生间?," +
                    " case Kitchen when 1 then '有' when 0 then '无' end 厨房," +
                    " case Internet when 1 then '有' when 0 then '无' end 宽带," +
                    " Remark 备注,RoomID 房屋编号,RenterID 出租人编号" +
                    " from RoomInfo where ";
            if(this.textRoomID.Text != "")
                this.strSql = this.strSql + " RoomID = " + "'" + this.textRoomID.Text + "'";
            else
            {
                if(this.textRoomType.Text != "")
                {
                    this.strSql = this.strSql + " RoomType like" + "' % " + this.textRoomType.Text
        + " % '";
                    flag = false;
                }
                if(this.textRatingNum.Text != "")
                {
                    if(flag)
                        this.strSql = this.strSql + " RatingNum = " + "'" + this.textRatingNum.Text
        + "'";
                    else
                        this.strSql = this.strSql + " and RatingNum = " + "'" + this.textRatingNum.
        Text + "'";
                    flag = false;
                }
                if(this.textTrueNum.Text != "")
                {
```

```
            if(flag)
                this.strSql = this.strSql +
" TrueNum = " + "'" + this.textTrueNum.Text + "'";
            else
                this.strSql = this.strSql + " and
TrueNum = " + "'" + this.textTrueNum.Text + "'";
            flag = false;
        }
        if(this.textMinArea.Text != "")
        {
            if(flag)
                this.strSql = this.strSql + " Area >= " + "'" + this.textMinArea.Text + "'";
            else
                this.strSql = this.strSql + " and
Area >= " + "'" + this.textMinArea.Text + "'";
            flag = false;
        }
        if(this.textMaxArea.Text != "")
        {
            if(flag)
                this.strSql = this.strSql + " Area <= " + "'" + this.textMaxArea.Text + "'";
            else
                this.strSql = this.strSql + " and
Area <= " + "'" + this.textMaxArea.Text + "'";
            flag = false;
        }
        if(this.textMinPrice.Text != "")
        {
            if(flag)
                this.strSql = this.strSql + " Price >= " + this.textMinPrice.Text + "";
            else
                this.strSql = this.strSql + " and Price >= " + this.textMinPrice.Text + "";
            flag = false;
        }
        if(this.textMaxPrice.Text != "")
        {
            if(flag)
                this.strSql = this.strSql + " Price <= " + this.textMaxPrice.Text + "";
            else
                this.strSql = this.strSql + " and Price <= " + this.textMaxPrice.Text + "";
            flag = false;
        }
        if(this.textLocation.Text != "")
        {
            if(flag)
                this.strSql = this.strSql + " Location like " +
"'%" + this.textLocation.Text + "%'";
            else
                this.strSql = this.strSql + " and Location like " +
"'%" + this.textLocation.Text + "%'";
            flag = false;
```

```
        }
        if(this.textRemark.Text != "")
        {
            if(flag)
                this.strSql = this.strSql + " Remark like " +
"'%" + this.textRemark.Text + "%'";
            else
                this.strSql = this.strSql + " and Remark like " +
"'%" + this.textRemark.Text + "%'";
        }
        else
        {
            MessageBox.Show("请输入查询条件!","提示");
            return;
        }
    }
    this.FillDataGrid(strSql);
}
public void FillDataGrid(string sql)
    {
        if(this.sqlConnection1.State == ConnectionState.Closed)
            this.sqlConnection1.Open();
        Console.WriteLine(sql);
        SqlDataAdapter adapter = new SqlDataAdapter(sql,sqlConnection1);
        ds = new DataSet("t_roomQuery");
        adapter.Fill(ds,"t_roomQuery");
        this.dataGrid1.SetDataBinding(ds,"t_roomQuery");
    }
```

查询到房屋后,用户单击某条房间信息,例如用户单击了"房屋编号"为 3 的房屋信息,然后单击"入住"按钮,将弹出如图 10-14 所示的"客户入住"界面。

图 10-14 "客户入住"界面

"房屋查询"界面中"入住"按钮的 Click 事件代码如下：

```
private void btCheckIn_Click(object sender, System.EventArgs e)
{
    try
    {
        Customer customer = new
        Customer(dataGrid1[this.dataGrid1.CurrentCell.RowNumber,14].ToString());
            customer.Show();
    }
    catch
    {
        MessageBox.Show("请先选择房间!","提示");
    }
}
```

客户入住模块也包括两个部分：Customer 界面表现层和 CustomerManage 业务逻辑层。

1. 界面表现层 Customer

在"客户入住"界面中，用户可以填写入住客户的相关信息，单击"保存"按钮保存到数据库中以供查询。

"客户入住"界面中"保存"按钮的 Click 事件代码如下：

```
private void btSave_Click(object sender, System.EventArgs e)
{
    add = true;

    if(textContractID.Text == ""||textCustomerID.Text == ""||textCustomerRental.Text == ""
||textRoomID.Text == "")
    {
        MessageBox.Show("请输入完整信息!","提示");
        return;
    }
    int customerID = Convert.ToInt16(textCustomerID.Text);
    string customerName = textName.Text;
    string sex = comSex.Text;
    string nativePlace = textNativePlace.Text;
    string IDCard = textIDCard.Text;
    string roomID = textRoomID.Text;
    System.DateTime indate = Convert.ToDateTime(dateCheckIn.Text);
    System.DateTime rentalDate = Convert.ToDateTime(dateRental.Text);
    int contractID = Convert.ToInt32(textContractID.Text);
    float customerRental = Convert.ToSingle(textCustomerRental.Text);
    string remark = textRemark.Text;
    if(add)
    {
customerManage.Customer_Add(customerID,customerName,sex,nativePlace,IDCard,roomID,indate,
rentalDate,contractID,customerRental,remark);
```

```
            MessageBox.Show("保存成功!");
            FillDataGrid(strSql);
        }
        else
        {
            MessageBox.Show("保存失败!");
        }
        this.add = false;
    }
```

"客户入住"界面中"重置"按钮的 Click 事件代码如下：

```
private void btNew_Click(object sender, System.EventArgs e)
{
    textContractID.Clear();
    textCustomerID.Clear();
    textCustomerRental.Clear();
    textIDCard.Clear();
    textName.Clear();
    textNativePlace.Clear();
    textRemark.Clear();
    comSex.Text = "";
    dateCheckIn.Text = "";
    dateRental.Text = Convert.ToString(DateTime.Now);
}
```

2. CustomerManage 业务逻辑层

CustomerManage 提供了客户入住模块的数据库操作接口,用户界面 Customer 只要调用业务逻辑层实现的方法,便可以实现与数据库的交互。

CustomerManage.cs 文件代码如下：

```
public class CustomerManage
{
    private SqlConnection sqlConnection1 = null;
    private SqlCommand sqlCommand1 = null;
    private SqlCommand sqlCommand2 = null;
    private string strSql = null;

    public CustomerManage()
    {
        sqlConnection1 = new
        SqlConnection(RentManage.database.dbconnection.connection);
        sqlCommand1 = new SqlCommand();
        sqlCommand1.CommandType = CommandType.Text;
        sqlCommand1.Connection = sqlConnection1;
        sqlCommand2 = new SqlCommand();
        sqlCommand2.CommandType = CommandType.Text;
        sqlCommand2.Connection = sqlConnection1;
        //
```

```
        //TODO：在此处添加构造函数逻辑
        //
    }


    public void Customer _ Add ( int customerID, string customerName, string sex, string
nativePlace, string IDCard, string roomID,
            System. DateTime indate, System. DateTime rentalDate, int contractID, float
customerRental, string remark)
    {
        strSql = "insert into Customer
(CustomerID, CustomerName, Sex, NativePlace, IDCard, RoomID, InDate, RentalDate," +
            "ContractID, CustomerRental, Remark) values
(" + customerID + ", '" + customerName + "', '" + sex + "', '" + nativePlace + "'," +
  "" + IDCard + "," + roomID + ", '" + indate + "', '" + rentalDate + "'," + contractID + "," +
customerRental + ", '" + remark + "')";
        sqlCommand1. CommandText = strSql;
        try
        {
            sqlConnection1. Open( );
            sqlCommand1. ExecuteNonQuery( );
            trueNum_add(roomID);
        }
        catch(System. Exception E)
        {
            Console. WriteLine(E. ToString( ));
        }
        finally
        {
            sqlConnection1. Close( );
        }
    }


    public void trueNum_add(string roomID)
    {
        strSql = "Update RoomInfo Set TrueNum = TrueNum + 1 Where
RoomID = " + "'" + roomID + "'";
        sqlCommand2. CommandText = strSql;

        try
        {
            if(sqlConnection1. State == ConnectionState. Closed)
                sqlConnection1. Open( );
            sqlCommand2. ExecuteNonQuery( );
        }
        catch(System. Exception e)
        {
            Console. WriteLine(e. ToString( ));
        }
        finally
        {
            sqlConnection1. Close( );
```

```
        }
      }
    }
```

在"房屋查询"界面中,单击"未满"按钮查询未满房屋信息,如图 10-15 所示。

图 10-15   "房屋查询"界面—查询"未满"房屋信息

"房屋查询"界面中"未满"按钮的 Click 事件代码如下:

```
private void btNotfull_Click(object sender, System.EventArgs e)
{
this.strSql = " select RoomType 类型,Location 位置,Floor 楼层,RatingNum 额定人数," +
        "TrueNum 实住人数,Area 面积,Price 价格," +
        " case AirCondition when 1 then '有' when 0 then '无' end 空调," +
        " case Telephone when 1 then '有' when 0 then '无' end 电话," +
        " case TV when 1 then '有' when 0 then '无' end 电视," +
        " case WashRoom when 1 then '有' when 0 then '无' end 卫生间," +
        " case Kitchen when 1 then '有' when 0 then '无' end 厨房," +
        " case Internet when 1 then '有' when 0 then '无' end 宽带," +
        " Remark 备注,RoomID 房屋编号,RenterID 出租人编号" +
        " from RoomInfo where RatingNum > TrueNum";
    this.FillDataGrid(strSql);
}
```

在"房屋查询"界面中,单击"空房"按钮查询空房的房屋信息,如图 10-16 所示。
"房屋查询"界面中"空房"按钮的 Click 事件代码如下:

```
private void btEmpty_Click(object sender, System.EventArgs e)
{
this.strSql = " select RoomType 类型,Location 位置,Floor 楼层,RatingNum 额定人数," +
        "TrueNum 实住人数,Area 面积,Price 价格," +
        " case AirCondition when 1 then '有' when 0 then '无' end 空调," +
        " case Telephone when 1 then '有' when 0 then '无' end 电话," +
```

图 10-16 "房屋查询"界面—查询空房的房屋信息

```
" case TV when 1 then '有' when 0 then '无' end 电视," +
" case WashRoom when 1 then '有' when 0 then '无' end 卫生间," +
" case Kitchen when 1 then '有' when 0 then '无' end 厨房," +
" case Internet when 1 then '有' when 0 then '无' end 宽带," +
" Remark 备注,RoomID 房屋编号,RenterID 出租人编号" +
" from RoomInfo where TrueNum = 0";
this.FillDataGrid(strSql);
}
```

"房屋查询"界面中"重置"按钮的 Click 事件代码如下:

```
private void btNew_Click(object sender, System.EventArgs e)
{
    this.textLocation.Clear();
    this.textMaxArea.Clear();
    this.textMinArea.Clear();
    this.textMaxPrice.Clear();
    this.textMinPrice.Clear();
    this.textRatingNum.Clear();
    this.textTrueNum.Clear();
    this.textRemark.Clear();
    this.textRoomID.Clear();
    this.textRoomType.Clear();
}
```

任务9 客户查询模块的设计及功能实现

在"客户查询"界面中,单击"全部"按钮,可以查询所有客户租房信息,如图 10-17 所示;用户也可以输入相应的查询条件,单击"查询"按钮根据查询条件查询客户租房信息,如

图 10-18 所示。

图 10-17 "客户查询"界面—查询所有客户租房信息

图 10-18 "客户查询"界面—根据输入的查询条件查询客户租房信息

"客户查询"界面中"全部"按钮的 Click 事件代码如下：

```
private void btAll_Click(object sender, System.EventArgs e)
{
        strSql = " select CustomerName 客户姓名,Sex 性别,NativePlace 籍贯,IDCard 身份证
号,InDate 入住时间," +
            "RentalDate 交租时间,CustomerRental 月租,ContractID 合同编号,Remark 备
注,CustomerID 客户编号," +
            "RoomID 房屋编号 from Customer";
```

```
            sqlCommand1.CommandText = strSql;
            FillDataGrid(strSql);
    }
```

"客户查询"界面中"查询"按钮的 Click 事件代码如下：

```
private void btQuery_Click(object sender, System.EventArgs e)
{
    strSql = " select CustomerName 客户姓名,Sex 性别,NativePlace 籍贯,IDCard 身份证号,InDate 入住时间," +
        " RentalDate 交租时间,CustomerRental 月租,ContractID 合同编号,Remark 备注,CustomerID 客户编号," +
        "RoomID 房屋编号 from Customer where ";
    if(textRoomID.Text != "")
        strSql = strSql + "RoomID = " + "'" + textRoomID.Text + "'";
    else if(textCustomerID.Text != "")
        strSql = strSql + "CustomerID = " + "'" + textCustomerID.Text + "'";
    else if(textName.Text != "")
        strSql = strSql + "CustomerName like" + "'%" + textName.Text + "%'";
    else
    {
        MessageBox.Show("请选择查询条件!","提示");
        return;
    }

    FillDataGrid(strSql);
}
public void FillDataG rid(string sql)
{
    if(sqlConnection1.State == ConnectionState.Closed)
        sqlConnection1.Open();
    Console.WriteLine(sql);
    ds = new DataSet("t_customer");
    SqlDataAdapter adapter = new SqlDataAdapter(sql,sqlConnection1);
    adapter.Fill(ds,"t_customer");
    dataGrid1.SetDataBinding(ds,"t_customer");
}
```

任务 10　利润信息模块的设计及功能实现

在"利润核算"界面，根据特定公式计算已经出租的房屋利润，如图 10-19 所示。

利润信息窗体在加载的时候，需要从数据库中查询出所有的利润信息，并显示在 DataGrid 控件中，因此需要一个该窗体的 Load 事件，查询并显示利润信息。"利润核算"窗体的加载事件代码如下：

```
private void Profit_Load(object sender, System.EventArgs e)
{
    strSql = "SELECT distinct RoomInfo.RoomID 房屋 ID,Renter.RenterName 出租者姓名,Renter
            .RenterRental 出租者租金," +
```

图 10-19 "利润核算"界面

```
        "RoomInfo.Price 房屋价格," +
        "(SELECT distinct SUM(Customer.CustomerRental) FROM Customer WHERE Customer
.RoomID = Customer.RoomID)" +
        " as 总房租," +
        "RoomInfo.Price - Renter.RenterRental AS 参考利润," +
        "(SELECT distinct SUM(Customer.CustomerRental) FROM Customer WHERE Customer
.RoomID = Customer.RoomID)" +
        " - Renter.RenterRental as 实际利润" +
        " FROM Customer INNER JOIN" +
        " RoomInfo ON Customer.RoomID = RoomInfo.RoomID INNER JOIN" +
        " Renter ON RoomInfo.RenterID = Renter.RenterID";
    FillDataGrid(strSql);
}
public void FillDataGrid(string sql)
{
    if(this.sqlConnection1.State == ConnectionState.Closed)
        this.sqlConnection1.Open();
    Console.WriteLine(sql);
    SqlDataAdapter adapter = new SqlDataAdapter(sql,sqlConnection1);
    ds = new DataSet("profit");
    adapter.Fill(ds,"profit");
    this.dataGrid1.SetDataBinding(ds,"profit");
}
```

提示：上面各任务中显示查询结果使用的都是 DataGrid 控件，也可以使用 DataGridView
控件，以任务 10 中的"利润核算"界面为例，将其中的 DataGrid 控件换成 DataGridView 控
件，如图 10-20 所示。需要修改 Profit.cs 中的部分代码如下：

```
public void FillDataGrid(string sql)
{
    if (this.sqlConnection1.State == ConnectionState.Closed)
        this.sqlConnection1.Open();
```

```
    Console.WriteLine(sql);
    SqlDataAdapter adapter = new SqlDataAdapter(sql, sqlConnection1);
    ds = new DataSet("profit");
    adapter.Fill(ds, "profit");
    this.dataGridView1.DataSource = ds.Tables ["profit"]; //需要修改的部分
}
```

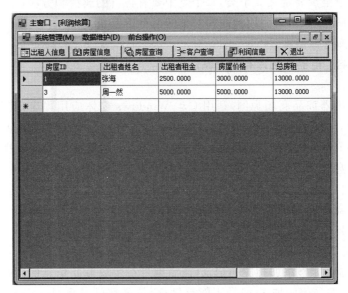

图 10-20 "利润核算"界面—使用 DataGridView 控件

项目小结

本项目通过 10 个任务阐述了一个完整的面向对象应用程序的设计和实现过程。通过本项目的学习,读者学会了在 C♯ 中如何进行数据库操作,读者不仅了解了数据访问模型的概念;还掌握了 ADO.NET 对象模型;理解了 Connection 对象及使用方法;掌握了使用 Command 对象及 DataReader 对象在连接环境下获取数据的方法;了解了 ADO.NET 断开连接的数据访问模型,理解 DataSet 和 DataAdapter 的概念和作用,学会在断开连接环境下的数据方法及更新。通过本项目的学习,读者已经走进了 C♯ 的世界,看到了 C♯ 的全貌,可以综合运用前面学习的所有知识根据客户的需求开发应用程序解决实际问题了。

拓展实训

一、实训的目的和要求

1)训练目的

(1)熟练掌握 C♯ 语言的基本技能,巩固 C♯ 语言的编程知识;

(2)基本掌握面向对象程序设计的基本思路和方法;

(3)利用所学的基本知识和技能,解决简单的面向对象程序设计问题;

(4)掌握撰写程序设计开发文档的能力;

（5）通过查阅手册和文献资料，培养学生独立分析问题和解决问题的能力。

2）训练要求

（1）要求利用面向对象的方法以及C#的编程思想来完成系统的设计；

（2）要求在设计的过程中，建立清晰的类层次；

（3）在系统中至少要定义3个类，每个类中要有各自的属性和方法；

（4）在系统设计中，至少要用到面向对象的两种以上机制；

（5）用数据库存储数据。

二、实训内容：电器商场库存管理系统

1）项目概述

本项目是以电器商品商场为例，利用C# Windows窗体应用程序，实现了用户对商场物品的库存管理，达到了提高工作效益、及时动态地了解库存物品相关信息等目的。

某电器商品商场，主要有3类商品：普通电视机、带网络播放器的电视机、高级网络播放器。共有的信息包括商品编号、商品名称、售价、品牌、数量等信息。每类商品特有的信息，请根据情况自行添加。

带网络播放器的电视机的售价计算方法如下：

带网络播放器电视机售价＝（普通电视机单价＋高级网络播放器单价）×85％；

2）实现功能

（1）添加功能：能够添加相应的记录，商品编号在生成商品信息的同时自动生成，每输入一个商品信息，编号顺序加1，编号不能重复，商品名称可以重复。添加内容包括商品编号、商品名称、售价、品牌、数量等信息，每类商品特有的信息，请根据情况自行添加；

（2）删除功能：根据查找结果，完成具体记录的删除；

（3）编辑功能：根据查找结果，能对相应的记录进行修改；

（4）查询功能：能根据编号或者名称分别进行模糊查询，并显示相应的记录信息。显示内容包括商品编号、商品名称、售价、品牌、数量、售价等；

（5）排序功能：能按照编号、名称、数量分别进行排序，并输出相应的记录信息；

（6）统计功能：能按照品牌、产品名称分别统计库存数量；

（7）保存功能：能将添加、修改、删除结果保存到文本文件中；

（8）退出功能：能退出应用程序；对于多级菜单，从子菜单能返回到主菜单。

习题

一、选择题

1. 如果想使用 SqlCommand 对象对 SQL Server 数据库进行操作，应该引入（   ）命名空间。

    A. System.Data.OldeDb   B. System.Data.SqlClient

    C. System.Data.Odbc   D. System.Data.OracleClient

2. ADO.NET 中进行数据库连接是利用（   ）对象。

    A. SQLCommand   B. SQLDataAdapter

    C. SQLDataReader   D. SQLConnection

3. 插入、删除数据可用 SqlCommand 对象的（   ）方法。

    A. ExecuteReader   B. ExecuteScalar

    C. ExecuteNonQuery   D. EndExecuteNonQuery

4. 在 ADO.NET 中，为访问 DataTable 对象从数据源提取的数据行，可使用 DataTable 对象的（   ）属性。

    A. Rows   B. Columns   C. Constraints   D. DataSet

5. SQL Server 的 Windows 身份验证机制是指，当网络用户尝试连接到 SQL Server 数据库时，以下说法（   ）是正确的。

    A. Windows 获取用户输入的用户和密码，并提交给 SQL Server 进行身份验证，并决定用户的数据库访问权限

    B. SQL Server 根据用户输入的用户和密码，提交给 Windows 进行身份验证，并决定用户的数据库访问权限

    C. SQL Server 根据已在 Windows 网络中登录的用户的网络安全属性，对用户身份进行验证，并决定用户的数据库访问权限

    D. 登录到本地 Windows 的用户均可无限制访问 SQL Server 数据库

6. 下列（   ）类型的对象是 ADO.NET 在非连接模式下处理数据内容的主要对象。

    A. Command   B. Connection   C. DataAdapter   D. DataSet

7. 若将数据集中所做更改更新回数据库，应调用 SqlDataAdapter 的（   ）方法。

    A. Open   B. Close   C. Fill   D. Update

8. 若将数据库中的数据填充到数据集，应调用 SqlDataAdapter 的（   ）方法。

    A. Open   B. Close   C. Fill   D. Update

9. .NET 框架中的 SqlCommand 对象的 ExecuteReader 方法返回一个（   ）。

    A. SqlDataReader   B. DataSet

    C. SqlDataAdapter   D. XmlReader

10. 使用 SqlDataReader 一次可以读取（   ）条记录。

    A. 0   B. 1   C. 2   D. 3

二、填空题

请将下面代码补充完整，以便在 dataGridView1 控件中显示查询到的数据。

```
private void Form1_Load(object sender, EventArgs e)
{
    string strCon = "Server = (local);User Id = sa;Pwd = ;DataBase = db_EMS";
    SqlConnection sqlcon = new SqlConnection(strCon);
    SqlDataAdapter sqlda = new SqlDataAdapter("select * from tb_PDic",sqlcon);
    DataSet myds = new DataSet();
    sqlda.Fill(myds,"tabName");

    _____

}
```

三、简答题

1. 简述 DataSet 和 DataReader 的区别。

2. 简述 ExecuteNonQuery 和 ExecuteReader 的区别。

图 书 资 源 支 持

感谢您一直以来对清华版图书的支持和爱护。为了配合本书的使用，本书提供配套的资源，有需求的读者请扫描下方的"书圈"微信公众号二维码，在图书专区下载，也可以拨打电话或发送电子邮件咨询。

如果您在使用本书的过程中遇到了什么问题，或者有相关图书出版计划，也请您发邮件告诉我们，以便我们更好地为您服务。

我们的联系方式：

地　　址：北京海淀区双清路学研大厦 A 座 707

邮　　编：100084

电　　话：010 - 62770175 - 4604

资源下载：http://www.tup.com.cn

电子邮件：weijj@tup.tsinghua.edu.cn

QQ：883604(请写明您的单位和姓名)

资源下载、样书申请

书圈

用微信扫一扫右边的二维码，即可关注清华大学出版社公众号"书圈"。